5-7, rue de l'École-Polytechnique, 75005 Paris

http://www.harmattan.fr
diffusion.harmattan@wanadoo.fr

ISBN : 978-2-343-09285-0
EAN : 9782343092850

L'EXPÉRIENCE SCIENTIFIQUE

Ouverture philosophique

Collection dirigée par Aline Caillet, Dominique Chateau, Jean-Marc Lachaud et Bruno Péquignot

Une collection d'ouvrages qui se propose d'accueillir des travaux originaux sans exclusive d'écoles ou de thématiques.

Il s'agit de favoriser la confrontation de recherches et des réflexions, qu'elles soient le fait de philosophes « professionnels » ou non. On n'y confondra donc pas la philosophie avec une discipline académique ; elle est réputée être le fait de tous ceux qu'habite la passion de penser, qu'ils soient professeurs de philosophie, spécialistes des sciences humaines, sociales ou naturelles, ou… polisseurs de verres de lunettes astronomiques.

Dernières parutions

Joël BALAZUT, *La structure métaphysique du monde moderne. Heidegger et la question de la technique*, 2016.

Gilles GUIGUES, *La vertu en acte chez Aristote, Une sagesse propre à la vie heureuse*, 2016.

Yvon QUINIOU, *Misère de la philosophie contemporaine, au regard du matérialisme, Heidegger, Husserl, Foucault, Deleuze*, 2016.

Chloé DELAPORTE, Léonor GRASER, Julien PEQUIGNOT (dir.), *Penser les catégories de pensée. Arts, cultures et médiations*, 2016.

Pierre DREYFUSS, *La Photographie « de » Wittgenstein*, 2016.

Robert FOREST, *L'homme connaissant, Quatre essais de philosophie critique*, 2016.

Fatma MOUMNI, *Auguste Comte et la pensée de David Hume*, 2016.

Germain-Djéry NDONG-ESSONO, *De l'éthique environnementale à la dialectique réflexive. Confrontation entre Hans Jonas et André Stanguennec*, 2016.

Arash JOUDAKI, *La politique selon l'égalité. Essai sur Rancière, Gauchet, Clastres et Lefort*, 2016.

Gérard GOUESBET, *Violences de la nature*, 2016

Olivier VERDUN, *L'énigme de la domination*, 2016

Rafik Hiahemzizou

L'EXPÉRIENCE SCIENTIFIQUE

Exposé philosophique de son développement

L'Harmattan

DU MÊME AUTEUR

Les statuts de la Vérité. Essai sur la Divisibilité des théories scientifiques Librairie de Philosophie et de Soufisme, Alger 2015.

À ma mère, Zineb

INTRODUCTION

L'expérience scientifique a joué un rôle considérable dans la genèse et l'évolution de la science moderne. D'aucun n'ignore que les débuts de la science ont été marqués par l'essor d'une philosophie expérimentale. Bacon, d'Alembert, Mersenne mais aussi Newton et Hume sont les grands noms qui ont jeté les bases de cette philosophie. Toutefois, le rôle de l'expérience a été occulté par certains courants de pensée en philosophie qui se sont développés entre le XIXe siècle et le XXe siècle et dont les plus importants sont la philosophie transcendantale de Kant et le positivisme logique du Cercle de Vienne. Depuis cette période, l'intérêt des philosophes a été porté sur la théorie. En effet, quel que soit le but poursuivi par tel ou tel philosophe de cette période, l'idée centrale et le fil conducteur de la philosophie du XXe siècle est que les données empiriques ou les données d'observation supposées valables en elles-mêmes pour confirmer et tester une hypothèse théorique et dans certains cas l'affaiblir et la réfuter ne sont pas indépendantes des théories. Le socle empirique de la science ne peut plus s'affranchir de la théorie et ne peut être basé sur la perception. Cette situation a été favorisée par une doctrine appelée l'holisme.

Des philosophes ont mené des travaux prônant la doctrine de l'holisme. Ils énoncent, d'une part, que l'expérience est étroitement liée à la théorie et que, d'autre part, les concepts théoriques sont interdépendants les uns des autres. Cette doctrine a réduit l'expérience à un simple prolongement épistémologique de la théorie. L'interdépendance entre l'expérience et la théorie n'est qu'un cas particulier d'une interdépendance plus générale touchant toutes les théories de la physique et bien au-delà jusqu'à des domaines vastes comme la logique, les mathématiques et le langage. Cette interdépendance est liée à la fois à la signification des énoncés théoriques et observationnels et à l'établissement de leur vérité. Pierre Duhem et Villard Van Orman Quine ont lancé une thèse majeure dans ce sens qui a marqué la philosophie, ce qui a entraîné l'affaiblissement de l'intérêt pour le rôle de l'expérience dans la justification des énoncés théoriques et plus généralement dans le développement de la science.

Etant donné que l'objectif de ce livre est de présenter la spécificité et l'importance de la philosophie expérimentale contemporaine, il est nécessaire de réévaluer toute la philosophie holiste afin de voir si les données empiriques et observationnelles sont réellement inséparables des théories. Une critique de l'holisme sera menée de bout en bout afin de « dégager » la notion d'expérience et lui conférer une valeur épistémologique et cognitive indépendante des systèmes théoriques. A partir de là, le concept d'expérience perceptive sera développé en le plaçant au cœur de la philosophie expérimentale et en lui conférant un rôle central dans la justification et la découverte de nouveaux concepts théoriques. On va montrer que les données empiriques basées sur la perception peuvent fonder des hypothèses théoriques aussi complexes soient-elles.

En effet, nous allons non seulement réhabiliter la notion d'expérience cruciale (*experimentum crucis*) (au début de la première partie) tant critiquée par Duhem pour montrer que la science dépend de ce type d'expérience qui confirme ou réfute de manière définitive les hypothèses théoriques et à ce titre, il constitue une partie importante de la base empirique des théories, mais également montrer que l'expérience possède une valeur inductive qui est le point départ de l'élaboration de théories nouvelles qui n'ont rien à voir avec des théories à tester. Nous allons donner des exemples précis qui reflètent ce cas de figure.

En poursuivant davantage notre analyse, nous allons voir comment la composante essentielle de l'expérience qui est l'expérience perceptive permet de fonder le réalisme en physique. Le réalisme repose en grande partie sur l'expérience perceptive, ce qui permettra de faire une lecture intéressante des débuts de la mécanique quantique en examinant la controverse entre le mathématisme positiviste des physiciens de l'école de Copenhague et le réalisme empirique ou perceptif d'Albert Einstein et d'Erwin Schrödinger. Notre conclusion sera la suivante : l'une des faiblesses épistémologiques les plus criardes de l'interprétation de Copenhague de la mécanique quantique est son éloignement de l'expérience perceptive.

A la fin de la première partie, nous examineront l'importance de l'expérience en physique des particules et montrer que son absence et plus particulièrement l'absence de l'expérience perceptive ne permet plus à cette branche de la physique de progresser.

Deux exemples vont le montrer : les limites de la théorie des supercordes et les impasses auxquelles font face les théories sur la gravité quantique.

Cette première partie nous permettra de révéler le rôle de l'expérience en physique en l'analysant comme un rôle relativement autonome de la théorie. A partir de là, nous pouvons examiner la philosophie expérimentale contemporaine dans toute sa plénitude et dans toute sa dimension épistémologique en mettant l'accent sur un concept phare : la manipulation des entités physiques, particulièrement du monde de l'infiniment petit. On parle désormais d'expérimentalisme en philosophie de la physique, ce qui est révolutionnaire car l'expérimentalisme est basé sur l'intervention dans le monde physique. Il y a une prise de conscience chez les philosophes de l'expérience comme Ian Hacking sur le fait que de nombreux travaux ont été consacrés à la théorie alors que celle-ci est limitée par le pouvoir représentationnel des connaissances théoriques alors que l'expérience est interventionniste par excellence. Ce décalage va amener les philosophes de l'expérience à tracer une ligne de démarcation entre la théorie dominée par la représentation mais également par la métaphysique et l'expérience qui reflète une véritable intervention sur les phénomènes et sur les entités du monde physique. Dès lors, qu'on manipule et qu'on intervient sur ces entités, on peut dire qu'elles sont réelles. Ainsi, la question du réalisme est évoquée une fois de plus. Le réalisme est basé, non seulement, sur l'expérience perceptive mais ce qui est plus important encore sur la manipulation. Ainsi, on peut conjecturer sur le fait que l'expérience perceptive et la manipulation sont les deux composantes principales de l'expérience scientifique.

De cette manière, on peut résoudre le problème soulevé par des philosophes comme John Austin et Charles Travis sur les limites conceptuelles ou la faillibilité de la perception. Tandis qu'Austin affirme que la perception n'agit pas directement sur les objets matériels, Travis parle carrément du « silence des sens[1]». Ce dernier nous en donne un exemple trivial : la perception visuelle ne parvient jamais à faire la distinction entre un vrai bâton et un reflet de bâton. Il remet en cause de cette manière la capacité de la perception à développer une dimension conceptuelle.

Les idées développées dans la première partie de ce livre sont susceptibles de résoudre cette difficulté : la perception est complétée par la manipulation (ou par une idée de la manipulation d'un objet physique) pour former l'expérience qui comporte, de cette manière, une dimension conceptuelle. C'est en manipulant le bâton (ou en ayant l'idée de sa manipulation) que la perception parvient à distinguer un vrai bâton d'un simple reflet de bâton. Cette synthèse épistémologique ne sera pas directement abordée étant donné qu'elle relève de la théorie de la connaissance, ce qui dépasse de loin l'objectif de cet ouvrage. Mais elle nous permet de parvenir à un bilan d'étape : nous proposons un empirisme renouvelé et dynamique qui serait différent de l'empirisme traditionnel puisqu'il est basé sur des composantes essentielles qui ont été révélées par la science contemporaine. C'est-à-dire l'expérience perceptive et la manipulation/intervention.

Dans la deuxième partie, nous allons parcourir la longue voie qui a mené vers cet empirisme renouvelé depuis la philosophie empiriste ancienne jusqu'au positivisme du Cercle de Vienne afin de montrer que c'est la théorie qui a pris le haut du pavé de l'épistémologie moderne. La philosophie du langage ou la philosophie analytique ont joué un rôle considérable dans le développement d'une vision néo-théorique en philosophie des sciences et l'obscurcissement du rôle de l'expérience.

[1] Charles Travis *Le silence des sens* traduit de l'anglais par B.Ambroise, V. Aucouturiers, L. Raïd. Les Editions du Cerf 2014.

C'est Karl Popper qui a ouvert une brèche dans la philosophie analytique en établissant une relation déductive entre les axiomes et les tests d'expérience dans le cadre d'un faillibilisme des théories scientifiques. Toute théorie est réfutable par l'expérience et on obtient tout au plus une corroboration plutôt qu'une confirmation de ces théories. A partir de ce faillibilisme scientifique, une nouvelle philosophie basée entièrement sur l'expérience a pris son essor grâce aux travaux de Peter Galison, Andrew Pickering et Ian Hacking. Nous allons développer deux arguments en faveur de cette philosophie, des arguments qui se situent aux confins de la science physique moderne.

Le premier est lié à la manipulation des entités physiques qui joue un rôle de plus en plus important dans les expériences de physique. Par exemple, les expériences sur les condensats de Bose-Einstein et celles sur l'électrodynamique quantique ne sont possibles que grâce à une manipulation des atomes et des particules quantiques.

Cette manipulation donne naissance à des processus nouveaux et novateurs comme la création de phénomènes qui n'existent pas dans la nature (comme les lasers, les supraconducteurs, les condensats superfluides et les atomes de Rydberg). La création de ces phénomènes reflète le rôle accru de l'engineering et de la technologie expérimentale. Les expériences les plus récentes sont en fait des expériences de manipulation. On ne fait plus d'expériences pour confirmer et réfuter des théories seulement mais surtout pour transformer le monde et l'assujettir aux désirs de l'humanité.

Le deuxième argument relève de l'ontologie du monde physique ou à proprement parler de la métaphysique. Le développement de la mécanique quantique des champs qui est le résultat de la fusion entre la mécanique quantique et la théorie de la relativité restreinte et qui est au cœur de la physique des particules a entrainé une incertitude sur l'ontologie des particules quantiques : on ne sait plus si les entités dont parle cette théorie sont des particules, des champs ou des excitations d'un champ. L'une des raisons sous-jacentes à cette incertitude ontologique et le décalage entre les notions classiques et les notions quantiques. Un champ quantique, par exemple, n'est pas exactement un champ classique. Dès lors qu'une incertitude de ce genre surgit, la théorie ne peut plus donner une image perceptive exacte de ce que sont ces entités du monde physique microscopique. Par conséquent, c'est la manipulation qui permet de parler de ces entités et non la description ontologique. C'est quand on manipule une entité quantique qu'on peut en parler et décrire ses interactions avec d'autres entités. Cette solution est plus radicale que celle donnée par le réalisme structurel qui est un courant de pensée très suivi à l'heure actuelle (ce réalisme ne désespère pas de donner une ontologie ou une image représentant le phénomène quantique) mais elle met fin au caractère rédhibitoire de l'incertitude ontologique de la mécanique quantique des champs tout en mettant l'accent sur l'expérimentalisme. Ces deux arguments permettent de conforter la philosophie expérimentale moderne.

Nous allons ainsi parcourir l'empirisme jusqu'à sa version la plus sophistiquée que nous pouvons appeler l'« empirisme technologique ». Celui-ci caractérise l'expérience moderne de manière presque irréversible puisque nous ne pouvons plus revenir à un empirisme basé uniquement sur des notions classiques.

Par ailleurs, cet empirisme est de nature « dualiste » dans la mesure où il repose sur deux concepts majeurs : l'expérience perceptive et la manipulation/intervention.

Nous allons aborder dans la dernière partie une hypothèse audacieuse : si l'expérience est le socle empirique des théories scientifiques, qu'en est-il des théories qui ne sont pas appuyées par des expériences ? Ce genre de théories souffre de contraintes épistémologiques dirimantes comme le décalage entre la théorie et la réalité physique (l'absence d'expérience favorise l'antiréalisme en physique comme c'est le cas de l'interprétation de Copenhague de la mécanique quantique), le renoncement à toute métaphysique (les théories modernes de la physique ne contiennent plus de quête métaphysique concernant des questions comme la causalité, la notion de phénomène, la séparabilité, l'espace-temps tridimensionnel absolu et les notions d'essence et de substance), l'essor des modèles qui sont loin de correspondre à la réalité physique et qui reposent entièrement sur l'abstraction mathématique ainsi que la dissipation du rêve d'une science absolue et unifiée. La mécanique quantique est irréconciliable avec la mécanique classique et les deux piliers de la physique- la théorie de la relativité générale et la mécanique quantique- ne peuvent être réunis en une seule théorie.

De cette manière, nous allons consolider notre thèse principale concernant l'autonomie épistémologique de l'expérience et son caractère décisif pour le progrès scientifique. La manipulation expérimentale et interventionniste est devenue la caractéristique principale de l'expérience. Cette caractéristique qui n'a rien à voir avec la logique et l'économie des systèmes théoriques consacre le triomphe décisif de l'expérimentation sur la théorie. En d'autres termes, l'expérimentation s'est transformée de manière considérable en devenant un outil technologique majeur de la civilisation humaine alors que la théorie n'est pas parvenue à réaliser le rêve métaphysique depuis Platon, c'est-à-dire élaborer la théorie du tout et résoudre la question de la réalité des entités qui peuplent le monde de l'infiniment petit. On peut ainsi parler d'une évolution asymétrique entre la théorie et l'expérience.

I. L'expérience et l'expérimentalisme. Cheminement philosophique des expériences cruciales et indépendantes des théories

Définition de l'expérience scientifique

Il y a trois grandes catégories d'expériences qu'on peut reconnaitre dans l'existence humaine : il y a l'expérience de vie qui se rapporte aux différents aspects de l'existence comme les sentiments, le choix, la perception et l'imagination. Il y a également l'expérience philosophique et morale. La troisième catégorie, c'est l'expérience scientifique qui fait partie intégrante de la science. Un grand courant philosophique qui est l'empirisme lui reconnait un statut fondationnel pour la science. Le premier type d'expérience humaine est un élément sous-jacent à la vie. Elle englobe tous les acquis de l'existence dont bénéficie l'homme au contact du monde extérieur, d'une communauté de personnes ou de la nature. Ces acquis qui peuvent être soit cognitifs, soit psychologiques représentent les atouts indispensables pour affronter des évènements futurs qui ne lui sont pas connus. Le contact avec le monde extérieur représente la source la plus importante des connaissances humaines qui sont à l'origine de la civilisation. Sa caractéristique principale est la réceptivité qui est le résultat de l'inévitabilité du contact entre un sujet et le monde extérieur. Nous ne pouvons éviter de faire face aux différents évènements qui se produisent en vertu de ce contact. Une sensation de chaleur intervient à un moment inattendu. Lorsqu'une personne dit « il fait chaud aujourd'hui », cela veut dire que cette personne a ressenti, sans qu'elle puisse l'anticiper, la sensation de chaleur. Il convient de préciser qu'en plus de la réceptivité qui caractérise l'expérience, il y a également la subjectivité qui constitue une dimension majeure de l'expérience humaine. Cette subjectivité qui est la caractéristique principale de cette catégorie d'expérience signifie pour nous le fait que lorsque nous affrontons les différents aspects et les évènements qui se déroulent lors de la relation à autrui ou lors du contact avec le monde extérieur nous ne possédons *a priori* aucune théorie : c'est-à-dire un ensemble de propositions qui constituent des réponses à toute une panoplie de questions suscitées par ces évènements. La subjectivité signifie également que ce contact avec autrui et le monde provoque dans notre vie intérieure la création de choses qu'il est très difficile de décrire et d'expliquer. La subjectivité est un train d'union entre le monde extérieur et notre vie intérieure. Elle nourrit l'imagination et s'éloigne ostensiblement de la raison, de la rationalité ou de l'objectivité.

Le deuxième type d'expérience est de nature philosophique et dont les corollaires ne sont autres que les expériences religieuse et morale. Le but de l'expérience philosophique rejoint le but ultime de la philosophie qui est la recherche de la vérité. Selon Nietzsche, la philosophie est avant tout une expérience qui fait intervenir la pensée, c'est-à-dire une recherche désignée sous le nom de *Versuch* qui confond la connaissance et l'expérience. Cette expérience se rapproche de l'expérimentation scientifique dans le sens où Nietzsche réfute les modes de pensée systématiques de la philosophie traditionnelle en soumettant tout ce que nous connaissons à notre pensée critique au point d'aboutir à un « platonisme inversé » [2]. Le but que s'est fixé Nietzche n'est autre que l'interprétation du monde d'une manière conforme aux exigences et aux conditions de vie. C'est grâce à cette expérience critique que ce philosophe est parvenu à comprendre l'inversion des valeurs qui est nécessaire à toute sa généalogie de la morale et de rapprocher les valeurs morales des notions de puissance et de faiblesse : les puissants sont qualifiés de bons alors que les faibles sont considérés comme mauvais.

Le *Versuch* nietzschéen est similaire à l'expérience scientifique. Si le premier concept permet de comprendre la véritable nature des jugements moraux en faisant reposer la philosophie sur des fondements solides tirés de la vie elle-même, l'expérience scientifique permet quant à elle de consolider ou d'ébranler la confiance que nous éprouvons à l'égard des hypothèses formulées par les scientifiques. Cette faculté confirmative ou de réfutation que possède l'expérience est à l'origine de deux concepts importants dans la philosophie et l'histoire des sciences. Le premier est l'*experimentum crucis* (expérience cruciale). Quant au deuxième, c'est le concept classique du rôle de l'expérience dans l'activité scientifique qui relève de l'empirisme. L'*experimentum crucis* est une expérience permettant de départager entre plusieurs hypothèses ou théories en privilégiant celles qui feront l'objet d'un consensus parmi les scientifiques. La particularité de cette expérience est de bannir toutes les autres hypothèses ou théories concurrentes. Les expériences cruciales les plus célèbres sont celles des couleurs de la lumière de Newton et celle de l'éclipse de 1919 confirmant la théorie de la relativité générale.

---

[2] Friedrich Nietzsche *Le Gai Savoir*, traduction de Patrick Wotling, GF Flammarion, 1998, rééd. 2007.

Dans l'*experimentum crucis* de Newton 1665, un écran percé d'un trou est utilisé pour permettre à une seule couleur de traverser un premier prisme. Cette lumière colorée traverse ensuite un deuxième prisme. Cette expérience permet de démontrer que les lumières colorées qui sont observées à la sortie du prisme ne sont pas un mélange d'autres rayons lumineux colorés dans la mesure où elles ne sont plus décomposées par le deuxième prisme. Par ailleurs, les rayons de lumière colorée qui sortent du deuxième prisme ne changent pas de couleur. Ainsi l'expérience cruciale de Newton permet de confirmer que la lumière blanche est un mélange de plusieurs lumières colorées en écartant définitivement les hypothèses qui expliquent que la lumière blanche est pure et ne contient aucune couleur. Une telle expérience a conduit les scientifiques à accorder leur confiance à la théorie de Newton.

De la même manière, l'observation d'une des plaques photographiques des régions situées autour du Soleil par Sir Arthur Stanley Eddington confirmant la théorie de la relativité générale d'Einstein a ravivé la confiance de la plupart des physiciens à l'égard de cette théorie. Selon cette théorie une étoile visible à proximité du Soleil devrait apparaître à une position légèrement plus éloignée de celui-ci parce que sa lumière devrait être légèrement déviée par l'action de la gravitation exercée par la masse du Soleil. Cet effet n'est observable que pendant une éclipse totale de Soleil.

Au-delà de ces deux expériences mythiques, il existe beaucoup d'autres expériences cruciales en physique (qu'elle soit atomique, mécanique ou électromagnétique). Dans ce registre, on peut citer l'expérience de Millikan qui confirma la théorie d'Einstein sur le phénomène photo-électrique (1914); l'expérience de Geiger et Marsden sur la diffusion des particules φ émises par des substances radioactives confirmant le modèle atomique de Rutherford ; l'expérience de Davisson et Germer confirmant l'existence des ondes de Louis de Broglie ainsi que l'expérience de Heinrich Hertz qui montrait la possibilité de produire des ondes électromagnétiques invisibles confirmant du même coup la théorie de Maxwell. Bien qu'il soit assez fastidieux de dégager les expériences réellement cruciales, il n'en demeure pas moins vrai qu'un type d'expériences privilégiées joue un grand rôle dans le progrès scientifique.

La notion d'expérience cruciale « *experimentum crucis* » : des exemples précis

La nature cruciale de l'expérience en tenant compte de son caractère confirmatif et décisif ne signifie pas que la théorie ou les hypothèses devancent l'expérience en se situant en amont de l'activité scientifique en reléguant l'expérience à un statut d'accessoire pour ces théories en leur fournissant systématiquement des preuves matérielles. Bien au contraire, l'expérience provoque la création de nouvelles théories ou la formulation de nouvelles hypothèses. Le meilleur exemple est l'expérience de Michelson-Morley dont le but a été de démontrer l'existence de l'éther luminifère supposé être le support des ondes électromagnétiques en tentant de mesurer la différence de vitesse de la lumière entre deux directions perpendiculaires et à deux périodes espacées. Son résultat, à savoir que la différence obtenue était inférieure à ce que le dispositif expérimental permettait de mesurer a amené les physiciens à reconnaitre deux hypothèses solides qui ont permis à la théorie de la relativité restreinte de faire son apparition : l'inexistence de l'éther et l'hypothèse selon laquelle la vitesse de la lumière est la même dans toutes les directions. Là aussi, on peut dire que c'est un *experimentum crucis* et c'est l'une des expériences cruciales les plus importantes de l'histoire de la physique. On va examiner maintenant quelques exemples précis au-delà des cas qui ont été rapidement esquissés dans les précédentes pages.

La découverte des rayons infrarouges

Dans cette célèbre expérience réalisée par Herschell au 17ème siècle, la découverte des rayons infrarouges n'a été précédée par aucune théorie. Les rayons infrarouges ont été découverts fortuitement sans aucun concept sous-jacent. En 1666, Isaac Newton a réalisé une expérience importante dans laquelle il est parvenu à étudier la composition de la lumière du Soleil en la faisant traverser dans un prisme. Dans le spectre de lumière obtenu, Newton a compté 6 couleurs.

William Herschel, astronome anglais de la fin du 17° siècle, a réalisé une expérience qui a approfondi de manière considérable ces résultats : il mesure la température dans chaque zone du spectre lumineux et il constate que les températures des bleu et vert sont inférieures à celle du rouge.

De manière plus importante encore, il découvre qu'à coté du rouge, dans les parties invisibles du spectre, la température est encore plus élevée. Herschell réalisa près de deux cents expériences et publia quatre communications importantes. « Se servant de filtres colorés pour l'un de ses télescopes, il avait remarqué que ces filtres transmettaient plus ou moins de chaleur selon leur couleur[3] » : certains provoquaient une très nette sensation de chaleur, même si la lumière était faible, alors que

[3] HACKING Ian, *Representing and Intervening*, 1983, Cambridge, Cambridge University Press, trad. fr. B. Ducrest : Concevoir et expérimenter, Paris, Christian Bourgois Ed. 1989, p. 287.

d'autres donnaient de la lumière dont la sensation de chaleur est peu sensible. Rien que ce passage marque le triomphe des connaissances qui sont basées sur les données sensorielles et perceptives. Herschell se servait de thermomètres pour étudier « les effets de chaleur des rayons de lumière séparés à l'aide d'un prisme[4] ». Par ce moyen, il obtenait des résultats importants comme la découverte des rayons solaires invisibles au-dessous de la lumière visible. Il a également comparé entre les propriétés de la lumière et celles de la chaleur en termes de réflexion, de réfraction ainsi que de réfrangibilité différentielle[5]. Il conclut que la lumière et la chaleur constituent un même phénomène ayant les caractéristiques de la réflexion, la réfraction et la réfrangibilité différentielle. La démarche de Herschell était purement expérimentale. Nous ne pourrons jamais reproduire aujourd'hui toutes ces expériences, tellement elles sont nombreuses et spécifiques et il utilisa une variété déconcertante de moyens pour filtrer la chaleur.

Le plus significatif dans les travaux de Herschel, c'est l'absence totale de théorie sous-jacente à toutes ses expériences. A la suite des expériences de Herschell, les théories ont été élaborées et ont appuyé ces résultats expérimentaux. La théorie ondulatoire qui a été élaborée par Thomas Young s'accordait parfaitement aux résultats de Herschel. Mais c'est l'invention par Macedonio Melloni du « thermo multiplicateur » en 1831 (un appareil qui utilise simultanément des piles thermoélectriques et un galvanomètre) qui confirme l'hypothèse du savant britannique.

C'est la technique expérimentale dans sa dimension technologique qui a permis de renforcer les résultats de Herschell. Ces travaux ont ouvert une nouvelle voie de

---

[4] Ibid.

[5] Ibid, p. 289.

recherche expérimentale qui aboutit à l'exploration du spectre électromagnétique. C'est ainsi que les ultraviolets ont été découverts en 1801 par le physicien allemand Johann Wilhelm Ritter.

Il convient de préciser que les recherches expérimentales de Herschel se limitent strictement aux données sensorielles, ce qui infirme la thèse selon laquelle l'on ne peut voir ou remarquer un phénomène que si l'on dispose d'une théorie qui lui donne sens. Dans le cas de Herschel, c'est l'absence de théorie qui l'a amené à faire ses découvertes.

Le rayonnement fossile centimétrique de l'univers

En 1964, les radioastronomes Penzias et Wilson, des laboratoires de la compagnie Bell Telephone, effectuaient des manipulations d'une antenne qui servait initialement à la communication avec les satellites Echo puis Telstar 1. Ils découvrent ainsi accidentellement un bruit du ciel d'origine inconnue au cours d'observations faites sur la longueur d'onde 7,35 cm. Ce bruit qui peut être converti en température d'antenne, correspondait à une température du ciel de 2,7 K. James Peebles a prédit l'existence d'un rayonnement de quelques kelvins dans le cadre d'une théorie cosmologiste, ce qui a finalement amené les astrophysiciens a tiré les conséquences de cette découverte. Le fait le plus important est que Penzias et Wilson ont fait cette découverte par hasard en ignorant tout des travaux des cosmologistes. Une telle caractéristique donne beaucoup de crédit à la théorie du Big bang puisque le rayonnement fossile centimétrique est la preuve de l'existence d'une telle conflagration cosmique originelle.

Ian Hacking a raconté l'histoire de trois degrés exactement comme le font Penzias et Wilson eux-mêmes dans leur film autobiographique, *Three Degrees* (Information and Publication Division, Bell Laboratories). Il évoque un point important : ces deux savants se livraient à des explorations et découvrirent le rayonnement résiduel avant qu'aucune théorie sur le sujet ne fût élaborée[6]. Il faudrait prendre l'exacte mesure de cette découverte importante. Celle-ci a été réalisée en l'absence d'une théorie.

Toutefois, Hacking rappelle qu'un processus de transformation de cette expérience en histoire a eu lieu qui établit un lien entre cette expérience et la théorie du Big-bang. Les théoriciens de l'astronomie avaient prédit que si une explosion avait bien lieu, il y a des milliards d'années, alors l'univers devrait continuer à se refroidir depuis cet évènement. Ce refroidissement aurait dû réduire la température initiale de un milliard de degré à 3°K. Ces deux savants captèrent des signaux radio provenant de l'espace « vide » et qui possède une température de trois degrés. C'est la température que l'univers devrait avoir lorsque « ... tout avait commencé il y a quelque treize milliards d'années par un Big bang[7] ».

De toutes les façons, une relation entre l'expérience réalisée par ces deux scientifiques et la théorie du Big-bang a finalement été établie. Mais il n'en demeure pas moins vrai que la « découverte expérimentale » du rayonnement résiduel a été réalisée en l'absence d'une quelconque théorie.

La découverte des pulsars

La même chose s'est répétée avec les pulsars. En 1932, Walter Baade et Fritz Zwicky ont proposé que des étoiles à neutrons puissent naître au cœur des supernovae. Et quelques années plus tard, en 1939, Oppenheimer et

---

[6] Op. cit. HACKING, p. 262.
[7] Ibid, p.262-263.

Volkoff élaborèrent les premiers modèles de structure des étoiles à neutrons[8]. En fait, les scientifiques ne connaissaient aucun moyen pour détecter une étoile à neutron qui résulte de l'explosion d'une étoile massive en fin de vie.

Ce n'est qu'après la découverte du premier pulsar (c'est-à-dire une étoile à neutron en rotation rapide et émettant un signal radio) que les astrophysiciens ont établi un lien entre les étoiles à neutron et les objets émettant des signaux radio (pulsars). Vingt-cinq ans après ces spéculations théoriques, Jocelyn Bell et Antony Hewish à Cambridge ont détecté en 1967 un signal caractéristique, constitué de courtes impulsions de rayonnement se répétant de façon très régulière. L'existence des pulsars ne faisaient alors aucun doute.

La découverte du premier pulsar a ouvert la voie à des recherches fructueuses sur différents types d'étoiles à neutron comme les pulsars binaires qui furent découverts en 1974. Un système encore plus remarquable fut mis en évidence en 2004, le pulsar double (PSR J0737-3039). Ce système est composé de deux étoiles à neutrons, qui sont toutes deux vues comme des pulsars.

L'expérience de Jocelyn Bell est vraiment cruciale puisqu'elle a permis la découverte d'un premier signal radio émis par un objet céleste qui a été associé à l'existence d'une étoile à neutron. Les scientifiques ne pouvaient donner d'autres explications à ce signal hormis la théorie de l'étoile à neutron qui a été considérée jadis comme une simple spéculation théorique. Là, une hypothèse relative à l'étoile à neutron a été confirmée par une donnée empirique précise : le signal radio avec des caractéristiques particulières d'un objet situé quelque part dans l'univers.

---

[8] J. Robert Oppenheimer et George M. Volkoff, *On Massive Neutron Cores*, Physical Review, vol. 55, n° 4, 15 février 1939, p. 374-381.

Ce sont les caractéristiques de ce signal qui a incité les astrophysiciens à reconnaitre une étoile à neutron en rotation rapide. Une telle rotation provoque l'émission d'un intense rayonnement électromagnétique avec perte d'énergie de l'étoile.

On a alors affaire à une expérience cruciale qui a ouvert la voie à l'essor d'un domaine particulier de la science : l'astrophysique des pulsars.

L'expérience cruciale sur les quarks

Il n'est pas possible de croire à la vie propre de l'expérience sans se référer à des expériences typiques qui emportent la conviction sur la réalité de certaines entités physiques inobservables et qui ne manquent pas de nous convertir au réalisme. Hacking a découvert ce genre d'expériences.

Il a été convaincu de la réalité de certaines entités inobservables comme les électrons lorsqu'un ami lui parla d'une expérience. « Je n'avais jamais vraiment réfléchi au réalisme scientifique jusqu'à ce qu'un ami me parla d'une expérience récente en cours visant à détecter des charges électriques fractionnelles[9]. » Cette expérience concernant des particules énigmatiques, les quarks, est une reproduction d'une expérience cruciale réalisée en 1908 par J.A. Millikan pour mesurer la charge électrique des électrons.

Millikan a suspendu une gouttelette d'huile qui est censée contenir des charges élémentaires entre deux plaques métalliques. L'expérience consiste à soumettre cette gouttelette à un champ électrique au moment où elle tombe. La connaissance précise de toutes les valeurs physiques (densité de l'huile et de l'air et la viscosité ainsi

[9] Op. Cit. Hacking, p.51.

et surtout la vitesse de chute de la gouttelette) permet ainsi de calculer la charge de l'électron[10].

La solidité, le caractère crucial et la confirmation de cette expérience de Millikan ont incité les physiciens à la reproduire pour découvrir des particules élémentaires composant les protons et les neutrons. On parle ainsi de méthode de Millikan pour découvrir des particules de charge fractionnaire (les quarks ont une charge de 1/3 de la charge électrique). La méthode Millikan s'avère tellement puissante qu'elle permet de percer le secret de particules qui ne peuvent être détectés à l'extérieur des protons et des neutrons.

Forts de cette leçon expérimentale importante, Larue, Fairbank et Hebard, de l'université de Stanford, ont réalisé une expérience qui reprend ses caractéristiques. La gouttelette d'huile est remplacée par du niobium, que l'on refroidi à 9°K. On utilisé également un champ magnétique au lieu du champ électrique pour maintenir ou faire déplacer la bille de niobium. On s'inspirant des idées de Millikan, « on détermine si le passage d'une charge positive à une charge négative se produit à 0 ou ±1/3 e. Dans ce dernier cas, on peut dire à coup sûr que l'on a trouvé un quark libre[11]». Ces physiciens ont ainsi découvert « … quatre charges fractionnaires égales à + 1/3 e, quatre charges égales à – 1/3 e et treize égales à zéro. »

Mais ce qui a attiré l'attention de Hacking et qui fut le point de départ de toute sa philosophie du réalisme basé sur la manipulation est la méthode utilisé dans cette expérience pour modifier la charge de la goutte de niobium. « On bombarde la goutte avec des positrons pour augmenter la charge ou avec des électrons pour la réduire[12]».

---

[10] Ibid, p.52.
[11] Ibid, pp.52-53.
[12] Ibid.

Il faut faire attention à ce qui a vraiment poussé Hacking à croire à l'existence des entités inobservables. Ce ne sont pas les quarks qui l'ont converti mais les électrons et les positrons qui sont manipulées de telle manière qu'ils permettent de révéler l'existence des quarks.

Hacking affirme de manière solennelle « si on peut les projeter, alors ils sont réels[13] ». Dans la mesure où les électrons et les positrons sont utilisés comme des projectiles pour détecter les quarks, alors ils sont réels. La méthode expérimentale de Millikan a été à l'origine d'une expérience cruciale qui confirme l'existence des quarks bien que ces particules soient confinées à l'intérieur des protons et des neutrons.

Le rôle dynamique et stabilisateur de l'expérience

On va voir à travers l'histoire du photon que l'expérience a joué un rôle dynamique pour la théorie. En scrutant la petite histoire de cette découverte, on peut voir les vicissitudes qu'a connues la théorie élaborée par Einstein et le rôle que jouera finalement l'expérience en vue de la stabilisation de cette théorie. C'est l'expérience qui a finalement permis à la théorie corpusculaire et quantique du photon de faire son chemin malgré le caractère dominant de la théorie ondulatoire de la lumière qui a été élaborée pendant une longue période et qui a suscité un large consensus parmi les physiciens. C'est ainsi qu'on peut déceler le caractère révolutionnaire de l'expérimentation, sans laquelle, une théorie aussi ingénieuse soit-elle ne pourrait survivre.

En mars 1905, Einstein signe un article intitulé « un point de vue heuristique concernant la production et la

[13] Ibid.

transformation de la lumière ». Dans cet article, il introduit le concept du photon : le quantum de lumière. C'est une proposition révolutionnaire puisque les physiciens de son époque croyaient que le rayonnement électromagnétique est en fait une onde. Einstein propose que la lumière soit plutôt constituée de corpuscules discrets. Malgré le fait que ces quanta de lumière n'ont pas emporté la conviction des physiciens pendant une assez longue période, il n'en demeure pas moins vrai qu'ils sont la seule explication du phénomène photo-électrique. Les électrons ne peuvent être arrachés du métal que par des particules du même genre que les électrons selon une logique basée sur le choc de particules. Lors du phénomène photo-électrique, l'énergie du photon se transmet à l'électron. Cette certitude est d'origine expérimentale puisque c'est l'expérience seule qui permet de garder une confiance inébranlable dans l'hypothèse du photon.

L'hypothèse heuristique d'Einstein permet ainsi de tirer profit de résultats expérimentaux qui contredisent la théorie ondulatoire surtout aux énergies de hautes fréquences (loi de Rayleigh-Jeans). L'interprétation d'Einstein qui est basée sur l'absorption d'un photon par le métal, permettait d'expliquer parfaitement toutes les caractéristiques de ce phénomène. Les photons de la source lumineuse possèdent une énergie caractéristique déterminée par la fréquence de la lumière. Lorsqu'un électron du matériau absorbe un photon et que l'énergie de celui-ci est suffisante, l'électron est éjecté ; sinon l'électron ne peut s'échapper du matériau. Comme augmenter l'intensité de la source lumineuse ne change pas l'énergie des photons mais seulement leur nombre, on comprend aisément que l'énergie des électrons émis par le matériau ne dépend pas de l'intensité de la source lumineuse.

C'est finalement l'expérience qui a eu le dernier mot dans l'interprétation du phénomène photo-électrique et l'hypothèse d'Einstein a connu le succès que l'on connait en raison de son adéquation parfaite avec les données empiriques de ce phénomène. Une hypothèse théorique gagne en crédibilité lorsqu'elle parvient à prédire avec succès la survenue de phénomènes jusqu'alors jamais observés ou inattendus.

La défense de la conception empiriste et classique du rôle de l'expérience

Concernant la conception classique du rôle de l'expérience, elle est fortement liée à l'empirisme qui peut être défini de la manière suivante : Il n'existe aucune source de connaissance autre que l'expérience perceptive. La notion d'expérience perceptive dénote le rôle joué par l'observation dans toute expérience. On a déjà ici l'élément structurel qui permettra de définir l'expérience. « Une expérience scientifique [...] est la création de conditions telles que l'on puisse observer un phénomène qu'il sera impossible de percevoir dans des conditions naturelles. Faire une expérience scientifique, c'est donc provoquer volontairement et artificiellement les conditions d'une expérience perceptive particulière[14] ». L'observation joue manifestement un rôle séminal dans la confirmation ou l'infirmation des théories.

Les hypothèses ou les théories qui permettent d'expliquer un phénomène ou certaines régularités dans la nature ne peuvent être testées que si ces hypothèses et ces théories deviennent l'objet d'une perception qui est le résultat d'un contact entre l'observateur et les phénomènes

---

[14] Anouk Barberousse *L'expérience*, Editions Flammarion, 1999, p. 27.

de la nature et qui reflète la tension provoquée par la mise à l'épreuve de nos idées sur le monde.

C'est pour cette raison qu'on parle souvent d'expérience perceptive et non pas seulement d'observation. C'est parce que le scientifique est capable de percevoir les résultats des expériences que l'expérience prend toutes les caractéristiques d'un instrument décisif au jugement qu'il doit porter sur les théories et les hypothèses qui lui sont soumises.

La notion d'expérience perceptive entre dans une relation dialectique avec la théorie puisque avant même le verdict matériel constitué par l'observation de l'entité étudiée ou du phénomène expliqué par la théorie, les données observationnelles alimentent la théorie et lui fournissent la matière et le contenu épistémique à la formulation des hypothèses nécessaires à l'explication des phénomènes ou des régularités dans les phénomènes de la nature.

Les notions d'observation et d'expérience perceptive qui sont les fondements de la conception classique de l'activité scientifique ou de l'empirisme (pour utiliser une autre définition) sont au cœur de l'expérimentation. Si cette dernière est le moyen permettant de découvrir les entités qui peuplent le monde et en particulier le monde microscopique, l'expérience perceptive est la finalité ultime de l'expérimentation scientifique. Voici une autre définition encore plus suggestive de cet état de fait : « […] le but de l'élaboration d'une expérience scientifique est de parvenir par des moyens artificiels à faire une expérience perceptive, celle qui va permettre de tester telle ou telle hypothèse[15] ». On peut même pousser notre définition plus loin en reconnaissant que l'expérience perceptive est la condition *sine qua non* de nos convictions à propos de la

---

[15] Anouk Barberousse, Max Kistler, Pascal Ludwig *La philosophie des sciences au XXe siècle*, Flammarion, 2011, p. 128.

réalité et de la régularité des phénomènes et de l'existence d'entités qui constituent le monde selon la conception classique.

L'antagonisme entre le mathématisme positiviste et le réalisme empiriste : le rôle de l'expérience perceptive

Il est intéressant de remarquer par exemple que la controverse entre les fondateurs de la mécanique quantique qui sont regroupés autour de l'école de Copenhague (Bohr et Heisenberg principalement) et qui proposent une vision du monde quantique basée sur les probabilités et non sur la réalité perceptive de ce monde et Einstein qui n'a jamais reconnu cette nature probabiliste en se réclamant d'une théorie basée sur l'existence d'un monde réel et déterministe, c'est-à-dire d'un monde perceptif, représente en fait une controverse entre le mathématisme positiviste qui est en fait un rationalisme et le réalisme empiriste.

Le mathématisme énonce que la raison mathématique est la seule source de connaissance tandis que le réalisme empiriste suppose que l'expérience perceptive est le socle à partir duquel nous pouvons bâtir cette connaissance. Ainsi, Einstein est un véritable réaliste empiriste parce qu'il a rejeté l'idée que l'expérience perceptive ne permet plus de révéler la réalité des phénomènes de la nature. Il convient de rappeler que les théories de la relativité restreinte et de la relativité générale reposent en grande partie sur des hypothèses explicatives qui peuvent facilement être confrontées à l'expérience perceptive. La relativité est un concept perceptif et les hypothèses d'Einstein sont facilement compréhensibles à travers des exemples observationnels et visuels. En revanche, les tenants de l'école de Copenhague à l'instar de Bohr sont des positivistes parce qu'ils se contentent de décrire le monde microscopique grâce à des constructions mathématiques élaborées par la raison seule et qui collent parfaitement aux résultats expérimentaux.

Par exemple, Werner Heisenberg a élaboré en 1925 la mécanique des matrices afin de représenter les atomes. Ces matrices qui sont des concepts mathématiques abstraits ont été utilisées par ce physicien afin de représenter les propriétés des particules. L'une des particularités de cette construction mathématique est la non-commutativité : A X B n'est pas égale à B X A. Cette particularité d'ordre mathématique est traduite dans la réalité physique.

Une discussion entre Bohr et Schrödinger reflète les sources philosophiques des deux courants de pensée en mécanique quantique et montre cette lutte intellectuelle entre Einstein et Bohr.

Schrödinger s'est associé à Einstein dans sa critique de l'interprétation de Copenhague. Tandis que Bohr soutenait que les transitions photoniques dans les atomes représentent une description satisfaisante pour les atomes, Schrödinger s'y opposait en démontrant l'impossibilité d'observer de telles transitions. Par ailleurs, la mécanique ondulatoire qui a été développée grâce à ses travaux postule l'existence d'ondes de matière réelles selon la théorie des ondes-matière de Louis de Broglie.

Mais Bohr a refusé de reconnaître l'existence réelle d'ondes dans les atomes. Les ondes de Schrödinger et de De Broglie sont devenues par la suite et dans le cadre de l'interprétation de Copenhague des ondes de probabilité d'existence de la particule dans un espace donné plutôt que des ondes réelles dans le cadre de ce qu'on appelle une fonction d'onde.

Par conséquent, on peut dire que les membres de ce groupe ont renoncé à l'expérience perceptive en lui préférant les constructions mathématiques alors que des physiciens comme Einstein et Schrödinger considèrent que ce type d'expérience représente le socle à partir duquel on peut comprendre la réalité des phénomènes quantiques. On peut remarquer une telle divergence de points de vue quasiment philosophiques en examinant de près la controverse Bohr-Einstein qui a pris le haut du pavé des discussions lors de la cinquième conférence de physique de l'Institut Solvay qui a eu lieu à Bruxelles en octobre 1927. Lors de cette conférence, Einstein et ses collègues ont déclaré que la mécanique quantique n'était pas une théorie complète et que des entités cachées se tapissent dans l'ombre et expliquent les phénomènes quantiques. Ces variables cachées permettent, selon eux, de mettre fin aux aspects déroutants de la théorie quantique comme la dualité onde-corpuscule et le principe de superposition.

« Pour Einstein et plus encore pour ses partisans, le côté flou et indéterminé de la physique quantique, ne peut satisfaire un scientifique et montre bien qu'il doit y avoir quelque chose là-dessous : on doit retrouver des petites billes, ou des ondes, enfin quelque chose que nous sachions nous représenter. Si on ne les voit pas encore, c'est que nos moyens d'observation sont insuffisants[16] ».

On voit bien ici qu'Einstein n'a pas renoncé à l'expérience perceptive en supposant l'existence d'entités cachées qui sont peut-être perceptibles. Pour l'école de Copenhague, en revanche, l'expérience perceptive n'a plus droit de cité dans la théorie qu'ils défendent. La source de la théorie devient la raison seule puisqu'elle repose sur une formulation abstraite mais cohérente de la réalité qui se résume à l'existence d'une entité mathématique et abstraite qui est la fonction d'onde[17].

---

[16] Sven Ortoli/Jean-Pierre Pharabod *Le Cantique des Quantiques.* Editions la Découverte, Paris, 1984, p. 53.
[17] Ibid

Mais ce mathématisme est provisoire et hésitant puisque il est confronté à un écueil engendré par l'effondrement de la vision classique du monde physique et les difficultés presque insurmontables d'élaborer de nouveaux concepts pour la mécanique quantique. Lorsqu'on dit que les fondateurs de la mécanique quantique sont des rationalistes, cela signifie qu'ils se sont attelés à bâtir des concepts quantiques sur les ruines des concepts classiques en raison de l'impossibilité de maintenir l'objectivité de la perception et sa continuité dans un contexte expérimental marqué par la disparition de toute représentation dans l'espace-temps du phénomène quantique ainsi que par l'apparition d'une interaction insoupçonnée en mécanique classique, entre l'observateur et le phénomène observé. Cette interaction est devenue par la suite ce qu'on appelle le problème de la mesure.

Devant de telles difficultés qui se traduisent par le lent et dirimant processus de construction théorique de concepts quantiques, Niels Bohr n'a eu d'autre choix que de définir le phénomène physique de la manière suivante « […] des observations obtenues dans des circonstances spécifiées, incluant un compte rendu de la totalité du dispositif expérimental[18]. » Le caractère provisoire et incertain de la mécanique quantique, du moins à ses débuts, reflète la persistance et la « résilience » de l'expérience perceptive. Lorsque les physiciens ne parviennent plus à bâtir des constructions théoriques, ils se contentent de se réfugier dans l'expérience perceptive.

Durant les années 1980, une expérience cruciale a été réalisée par l'équipe d'Alain Aspect qui confirme la vision orthodoxe de l'école de Copenhague. Mais le prix de cette victoire qui semble provisoire est le sacrifice de toute description perceptive.

---

[18] Niels Bohr *Physique atomique et connaissance humaine* (Revue par Catherine Chevalley) Editions Gallimard, 1991, p. 85.

La fonction d'onde est devenue encore plus abstraite avec les développements ultérieurs de la mécanique quantique.

La fusion entre la mécanique quantique et la théorie de la relativité restreinte a rendu la notion classique de particule encore plus problématique. Les particules sont devenues insaisissables et énigmatiques. Un groupe de physiciens dont les plus illustres sont Dirac (1928), Feynman et Weinberg (1987), et Wald (1994) a tiré un enseignement important à partir de ce constat d'échec concernant la notion de particule en réclamant une approche basée sur la notion de champ. Mais là encore, le champ quantique n'a rien à voir avec le champ classique. Tandis que le champ classique permet de visualiser des phénomènes tels la lumière comme des ondes se propageant dans l'espace, le champ quantique est une expression mathématique qui permet de calculer les probabilités des résultats d'une mesure[19]. Ces difficultés incitent à ne plus voir le cadre conceptuel de la mécanique classique lié aux notions de particule et de champ comme pertinent pour la mécanique quantique des champs ni comme utilisable ou indispensable pour l'interprétation des résultats des expériences de physique quantique.

La notion classique de champ prévoit que les entités quantiques sont des ondulations d'un champ qui se propage dans l'espace. Une particule classique peut être décrite par sa position x(t) et par son impulsion p(t) qui varient dans le temps. Il y a six degrés de liberté pour le mouvement d'une particule, qui correspondent aux trois coordonnées de la position de la particule et aux trois coordonnées pour son impulsion[20]. Dans le cas d'un champ classique, il y a une valeur indépendante pour

[19] Kuhlmann M. *Particules et champs sont-ils réels ?* Pour la Science, octobre 2013, no.432.
[20] Ibid.

chaque point *x* dans l'espace qui varie dans le temps. La valeur du champ peut être scalaire (comme la température) ou vectorielle (comme c'est le cas du champ électromagnétique). Par conséquent, un champ est caractérisé par une sorte de cartographie dépendante du temps qui détermine la valeur d'un champ ϕ (x, t) à partir de chaque point de l'espace. L'idée sous-jacente à cette représentation du champ est la possibilité d'attribuer des propriétés physiques comme l'énergie et le moment cinétique à un champ physique en l'absence de toute matière[21].

Le passage de la notion de champ classique à la notion de champ quantique est caractérisé par l'existence d'un opérateur d'un champ quantique pour lequel des relations canoniques de commutation sont valables. Cet opérateur dépend de l'espace et du temps. Un opérateur est une opération mathématique qui transforme une fonction φ (x) en une autre fonction f(x). A chaque grandeur mesurable, il y a un opérateur qu'on appelle hermitien.

Toutefois, un champ quantique fait correspondre à chaque point de l'espace-temps non pas une quantité physique mais une entité mathématique abstraite qui représente le type de mesure que l'on peut effectuer plutôt que le résultat obtenu. Ce type de mesure est le résultat de la combinaison entre un opérateur (une entité mathématique variant dans l'espace et dans le temps) et une autre entité mathématique, le vecteur d'état décrivant le système. Pour obtenir l'énergie pour un état $|\psi\rangle$ on doit appliquer l'opérateur au vecteur d'état qui représente sa configuration d'ensemble pour calculer les valeurs moyennes des mesures effectuées sur le système.

Le triomphe du mathématisme en physique quantique a entrainé une véritable crise qu'on appelle « ontologique »

[21] Ibid.

car cette crise touche à l'ontologie, à l'essence même des entités quantiques. Ces entités sont-elles des ondes ou des particules ou l'excitation d'un champ, on ne le sait plus ? L'un des moyens salutaires les plus sûrs pour résoudre cette crise est le retour à l'expérience perceptive. Mais la route est longue et aucune théorie ne pointe à l'horizon hormis l'interprétation théorique robuste de David Böhm, laquelle ne suscite aucun consensus parmi les physiciens. Selon cette interprétation, les trajectoires des particules quantiques sont « guidées » par des ondes réelles conformément à l'équation de Schrödinger. Ces ondes sont appelées pilotes parce qu'elles émettent un potentiel quantique qui agit sur la particule. Cette théorie est une alternative à l'interprétation de Copenhague qui ne se prononce pas sur la réalité de la fonction d'onde et qui prévoit son effondrement lors de la mesure. On peut supposer que la théorie de Böhm vise la restitution d'un certain réalisme qui est motivé par le fait que l'interprétation de Copenhague ne permet plus de visualiser le comportement des particules dans l'espace-temps. En revanche, la théorie de Böhm permet de fournir des images perceptives de ce comportement.

On voit à travers cette histoire de la mécanique quantique que le développement de l'expérience est étroitement lié au courant empiriste indéniablement basé sur l'expérience perceptive qui est la source nourricière de la connaissance et plus particulièrement de la connaissance scientifique. Dans ses grandes lignes, l'empirisme rejette toute supériorité de la raison et non remettre en cause définitivement et totalement celle-ci qu'elle soit innée ou acquise.

Cette position philosophique est la plus pertinente pour l'empirisme et tient compte de toute la complexité de la lutte entre les tenants de l'expérience perceptive et les défenseurs du mathématisme. L'empirisme n'est viable que parce qu'il repose sur l'expérience qui est incontournable pour la connaissance scientifique. Si la mécanique quantique a connu un développement sans précédent avec les travaux de physiciens comme Heisenberg, Born et Bohr, il n'en demeure pas moins vrai que leurs travaux ne visent qu'à se conformer aux résultats des observations expérimentales sur les atomes. Ces résultats sont liés aux raies spectrales et aux émissions de photons. Lors d'une discussion entre Einstein et Heisenberg, ce dernier a défendu la nouvelle mécanique des matrices en arguant qu'elle n'est conçue que pour représenter et interpréter les observations sur les atomes. En réalité le rationalisme des fondateurs de la mécanique quantique au sein du courant de Copenhague n'est que le résultat progressif de l'image floue offerte par l'expérience perceptive sur les atomes. C'est donc un mathématisme de nature positiviste « obligé » ou « imposé » et non un positivisme de principe.

L'image de l'atome qui s'est formée progressivement depuis l'époque de Sommerfeld, Thomson et Rutherford reposant entièrement sur l'expérience perceptive était contradictoire avec le principe de la stabilité de l'atome. L'image perceptive d'un atome « planétaire » élaborée par Rutherford en 1910 grâce à son expérience sur la diffusion des particules alpha par une feuille mince d'or et la mise en évidence de l'existence d'un noyau central de charge positive autour duquel gravitent les électrons (découverts par le physicien anglais John Thomson en 1897) n'était plus satisfaisante en vertu des lois physiques : le mouvement orbital des électrons autour du noyau ne peut être qu'accéléré et à ce titre ces particules auraient émis un rayonnement épuisant inéluctablement leur énergie. Dans ce cas, les électrons vont s'écraser sur le noyau entraînant la destruction de l'atome.

Ainsi, l'image perceptive de l'atome de Rutherford ne cadrait plus avec les lois les plus élémentaires de la physique. En introduisant la discontinuité dans l'atome, Niels Bohr a rompu avec l'image perceptive et intuitive de l'atome en lui substituant une image contre-intuitive et non conforme à la conception réaliste. « [...] Il postule que le rayon de l'orbite circulaire ne peut varier de façon continue, mais qu'il faut au contraire lui assigner des valeurs déterminées dans lesquelles intervient la constante de Planck...Donc, ils ne risquent pas de s'écraser sur le noyau[22]. »

Toutefois, le renoncement à l'image perceptive a entrainé l'émergence d'un dualisme presque rédhibitoire pour la physique. Un dualisme marqué par la juxtaposition de deux visions du monde antagonistes que les tenants de l'école de Copenhague ont été contraints de reconnaitre et d'accepter. Ces deux visions sont celles de la physique classique et celle de la nouvelle physique quantique. Les électrons obéissent à la physique classique lorsqu'ils sont dans les orbites et deviennent des entités quantiques en émettant et en absorbant des photons lorsqu'ils quittent leurs orbites pour d'autres[23]. Par la suite, les physiciens ont échappé pour un temps à ces contradictions en marquant un retour génial mais improvisé à l'expérience perceptive grâce aux travaux de Louis de Broglie et d'Erwin Schrödinger. La découverte des ondes-matière ou de l'onde des particules est liée à une interprétation empiriste des particules. A toute particule est associée une onde réelle dotée d'une longueur d'onde dont le paramètre essentiel est la constante de Planck. La dualité onde-corpuscule était née. Le paradoxe de cette vision ondulatoire de l'atome est reflété par la naissance d'une mécanique ondulatoire dont le point culminant est

[22] Op. Cit. Sven Ortoli/Jean-Pierre Pharabod, p. 35.
[23] Ibid, p.36.

l'élaboration par Schrödinger d'une équation qui est utilisée jusqu'à aujourd'hui.

Le franchissement de cette étape décisive a ravivé les espoirs des physiciens empiristes mais ces espoirs ont été de courte durée puisque les physiciens rationalistes ont énoncé des principes qui se sont ancrés solidement dans la physique quantique. Il s'agit des principes d'indétermination et de non commutativité de Heisenberg, du principe de superposition et des deux principes de Bohr que sont la correspondance et la complémentarité entre la physique quantique et la physique classique.

Cette évolution a considérablement altéré l'image perceptive d'une onde réelle et l'a remplacée progressive par une fonction d'onde de nature probabiliste. Mais une compréhension plus profonde de la fonction d'onde a permis finalement de rendre justice à l'empirisme et aux pouvoirs de l'expérience perceptive qui met en jeu l'observation. C'est finalement l'observation de la fonction d'onde qui rend les particules du monde microscopique observables à nouveau. Lors de l'observation, la fonction d'onde se réduit à l'une des possibilités qu'elle décrit, c'est-à-dire à l'une des probabilités décrites par l'équation de Schrödinger. C'est ce qu'on appelle la « réduction du paquet d'onde ».

Ainsi, le mathématisme positiviste de la physique quantique selon l'interprétation de Copenhague est un rationalisme de circonstances et non un rationalisme de principe. Il ne survit que lorsque l'expérience perceptive ne parvient plus à nous donner une image satisfaisante de la réalité. Mais dès qu'une image perceptive sorte des ténèbres vers la lumière, le rationalisme est remplacé par une interprétation empiriste. Par ailleurs, les prédictions du rationalisme sont soumises au verdict de l'expérience alors que le réalisme empiriste possède sa propre raison d'être puisqu'il est d'origine expérimentale et il est ultimement perceptif.

On voit bien à travers cette belle histoire de la mécanique quantique, que le conflit entre ces deux courants philosophiques n'est survenu que lorsqu'ils luttent pour interpréter un domaine particulier comme la structure de l'atome, la spectroscopie des atomes et la nature des particules quantiques. Mais un physicien peut être rationaliste et empiriste à la fois. Einstein disait qu'une théorie n'est que le fruit de l'imagination ce qui fait de lui un rationaliste mais il croyait à un monde objectif dont les constituants peuvent être observables dans l'espace et le temps. Cette conviction est basée sur l'expérience perceptive. Bien avant lui, les philosophes ont adopté des idées rationalistes et empiristes en même temps. Locke par exemple a rejeté le rationalisme dans sa version préconisant la connaissance innée en affirmant que la source des idées n'est autre que l'expérience. Mais il a adopté les principes de déduction et d'intuition qui sont étroitement liés au rationalisme.

Notre propos dans cette tentative de définition de l'expérience n'est donc pas de rejeter corps et bien le mathématisme positiviste ou encore le mathématisme rationaliste mais de montrer que l'expérience perceptive est une source privilégiée pour le savoir scientifique et en particulier la physique. L'expérience scientifique n'est compréhensible que grâce à la perception.

L'exemple des chambres de Wilson ou chambre de brouillard le montre clairement. Une chambre à brouillard est un détecteur de particules qui montre sous la forme de traînées de condensation, le passage des particules nucléaires dans la matière. Il s'agit d'une enceinte dans laquelle une phase vapeur d'eau ou d'alcool sursaturée se produit. Lorsqu'une particule nucléaire chargée traverse la matière, elle perd de l'énergie en ionisant sur son passage les atomes qu'elle rencontre. Des ions vont alors se former, ce qui entraine la formation de vapeurs instables qui vont passer à l'état liquide en se formant en gouttelettes là où les ions se sont condensés. Ce processus physique (la condensation des ions tout au long du trajet de la particule) permettra de matérialiser le tracé de la particule dans la matière sous la forme de gouttelettes d'alcool. On peut remarquer ici que le processus physique se déroulant dans l'appareil expérimental qu'est la chambre de Wilson permet de « visualiser » la trajectoire des particules atomiques. La visualisation est un aspect clé de la dimension épistémologique de l'expérience perceptive.

La relation entre l'expérience et la théorie : la genèse de l'holisme

Toutefois, ce point de vue a été remis en cause par une conception qualifiée d'originelle et de plus globale qui se situe aux antipodes de la conception empiriste de l'expérience avec comme conséquence inévitable la marginalisation de l'expérience perceptive. Selon cette nouvelle approche, l'observation n'est plus considérée comme une perception passive par notre sensorium des données fournies par les appareils expérimentaux. Elle dépend fortement de la théorie qui l'oriente et qui lui donne un sens. Bien que les expériences soient cruciales, univoques et bien individualisées, elles sont loin d'être indépendantes de la théorie. Elles sont contenues dans cette théorie d'une façon presque indiscernable.

Le dispositif expérimental existe bel et bien et les observations sont réellement effectuées, mais le contenu épistémique de l'expérience, sa compréhensibilité, sa raison d'être logique relèvent toujours de l'ensemble des propositions qui sont contenues dans les théories. La véritable relation entre théorie et expérience, selon cette vision moderne, est une relation de « vérité », et la vérité ne peut être expérimentée scientifiquement, elle reste toujours insaisissable.

Selon cette vision, l'erreur de nombreux philosophes a été de voir dans l'expérience, le conditionnel, le résultat ex-post et le « verdict matériel » de la théorie. Y aurait-il donc supériorité de l'expérience sur la théorie en termes de « vérité » ? Autrement dit, l'expérience serait-elle « la parole de la vérité » ? Cette question difficile pourrait être traitée en suivant une piste à moitié parcourue : la théorie et l'expérience sont si étroitement liées que l'on ne peut rien affirmer de la « vérité » de ce que l'on expérimente sans que la théorie y soit pour quelque chose. La théorie ponctue notre expérience d'une façon telle que les résultats sont toujours en relation de signification avec nos prémisses théoriques, comme si les expériences s'« arrangeaient » pour donner des résultats en cohérence avec le système théorique. Il est intéressant de remarquer ici l'étonnante similitude entre cette conclusion et le postulat épistémologique important de la mécanique quantique ayant divisé les physiciens de l'École de Copenhague et ceux appartenant au courant réaliste : le monde quantique s'« arrange » toujours pour donner des expériences qui sont en parfaite cohérence avec les énoncés théoriques.

Si l'expérience confirme la théorie, cette dernière « transcende » toujours l'expérience. Elle la transcende parce que la « vérité » ne peut être définie expérimentalement, seule la théorie pourrait le faire.

De cette façon, on ne peut rien affirmer de la vérité de ce qu'on expérimente sans que la théorie y soit pour quelque chose. Il n'y a jamais eu d'expériences univoques tenant par elles-mêmes et coupées des autres, ni d'expériences « neutres », c'est-à-dire a-théoriques et totalement indépendantes.

La relation entre proposition théorique et expérience est homothétique. En l'absence du substratum théorique, une expérience donnée ne serait qu'un « maillon faible » dans une longue chaîne qui n'a ni début ni fin. Personne ne se serait dirigé dans une « direction » déterminée sans savoir à l'avance où il aurait pu arriver.

Du moins, l'on s'attend toujours à certains résultats, et même les surprises sont souvent en cohérence avec nos théories.

Gaston Bachelard disait si bien que la « vérité en science n'est qu'une erreur rectifiée ». L'on peut seulement conjecturer sur le fait que la « vérité » de la théorie ponctue l'expérience en ce sens où non seulement elle lui confère une signification, mais lui révèle également un cheminement épistémologique (ou elle doit commencer et ou elle doit finir). Toutefois, cette proposition ne suffit pas à démontrer la relation entre la théorie et l'expérience.

Si l'expérience est à ce point tributaire de la théorie, c'est qu'il y a des raisons objectives de dépendance, à savoir qu'il y a quelque chose où l'expérience ne peut rien affirmer et que seule la théorie peut définir. Si la théorie définit les limites de l'expérience dans le sens d'une ponctuation, cela ne suffit pas à priver l'expérience de signification en dehors de la théorie. Il doit y avoir des raisons plus profondes : si la théorie délimite toujours le champ de l'expérience, il est inévitable qu'il faille y revenir pour éviter l'erreur. Si plusieurs expériences se contredisent plusieurs fois, on peut conclure que certaines d'entre elles sont fausses et contiennent des erreurs. Mais comment savoir celles qui sont justes et celles qui sont fausses, dans la mesure où on a déjà montré que les expériences sont une chaîne qui n'a ni début ni fin. Il n'est pas légitime de supposer qu'il existe des expériences qui soient *a priori* supérieures à d'autres.

S'il y a des expériences qui sont cruciales, c'est parce qu'elles recourent à la vérité de la théorie. Le paradoxe est le suivant : une expérience ne peut déterminer l'erreur sur le plan scientifique. Seule la théorie permet d'éviter l'incertitude qui touche l'expérience dans tous les sens. Le probable hante toujours l'expérience, non la théorie, en ce sens que celle-ci est beaucoup moins sensible à l'incertitude et aux bruits de fond de l'expérience. L'erreur est un concept qui ne peut être expérimenté scientifiquement, car il relève d'un principe qui le transcende et qui n'est autre que la vérité. Nos connaissances empiriques et expérimentales sont définies de telle façon que notre jugement et notre confiance à l'égard des résultats de nos expériences sont toujours tributaires de ce qui est extérieur à l'espace de cette même expérience, surtout lorsque celle-ci s'écarte sensiblement des résultats attendus. La théorie est terriblement coriace en face des erreurs. À défaut, des termes comme « perfection interne », « harmonie », « théorie de principe », « simplicité » n'auraient tout bonnement aucun sens, alors que l'expérience est fondamentalement fragile à l'impitoyable diversité des faits.

Par ailleurs, la nécessaire convergence dans le temps des résultats expérimentaux entraîne une incertitude importante sur les risques d'erreurs encourus. La seule façon de les évacuer, c'est toujours par le retour improvisé à l'économie théorique. La fausseté d'une théorie est beaucoup plus difficile à déterminer que la fausseté de l'expérience lorsque les résultats expérimentaux contredisent la théorie. La théorie de l'éther n'avait jamais été abandonnée à cause de la non-concordance des expériences tentant de prouver son existence.

C'est, au contraire, une nouvelle conception du temps et de l'espace due à Einstein qui avait eu le mérite de permettre la destruction du mythe de l'éther. D'autres exemples montrent que la découverte de l'atome et la fameuse expérience de Rutherford qui laisse penser à une démarche hautement expérimentale n'auraient pas eu le succès attendu sans le mûrissement de la vision mécaniste et la notion de point matériel, qui supposent une structure atomiste de la matière. Par ailleurs, les travaux théoriques de Boltzmann dans le domaine de la thermodynamique ont joué un rôle déterminant dans le mûrissement des idées sur l'atome, bien avant les expériences de Rutherford et de Thomson.

En revanche, l'observation d'un décalage entre les résultats de certaines mesures et les résultats prévus n'entraîne pas nécessairement une découverte. On a un exemple frappant avec les spéculations théoriques sur la prétendue cinquième force. Certains physiciens se sont basés sur l'expérience d'Eötvös et sur la comparaison des mesures de la constante de gravitation universelle par des méthodes géophysiques et par des méthodes de laboratoire pour interpréter les différences entre les deux types de mesures comme la manifestation d'une nouvelle interaction fondamentale. Les atermoiements qu'avait entraîné cette théorie empirique sont symptomatiques et révèlent souvent l'impossibilité de déduire l'existence de quelque chose sur la base de résultats expérimentaux ou d'un décalage entre les résultats théoriques et ceux obtenus. Ce qui est le cas, en l'occurrence, de l'expérience d'Eötvös. On a déjà vu que la nécessaire convergence des résultats dans le temps, entraîne une incertitude relative sur les risques d'erreurs encourus, puisque on ne peut catégoriquement et dans des conditions certaines de précision, trancher dans le cas d'un écart significatif entre les résultats obtenus et ceux attendus, entre la probabilité d'un décalage purement statistique ou révélateur d'une réalité sous-jacente.

Un autre exemple est illustré par la fameuse histoire des « anomalons », ces noyaux atomiques de taille anormalement grande, soi-disant produits lors des collisions atomiques et dont l'existence pouvait sembler solidement établie au début des années 1980. Observées par certains physiciens, ils demeuraient invisibles pour d'autres. Il a été finalement admis qu'ils n'existent pas[24].

Rien ne peut assurer d'une certitude absolue lorsqu'on est en face d'un écart très faible mais constant dans les résultats de nos expériences. Mais tout cela pourrait prendre les allures d'une « hérésie épistémologique », puisqu'il n'y a rien de plus admis, aujourd'hui, que l'axiome selon lequel c'est sur l'expérience seule que pourrait reposer la vérité de la théorie et ce, même si on ne confirme pas directement les axiomes par l'expérience, mais seulement leurs conséquences et même si le mot « expérience » peut cacher d'autres concepts plus subtiles et plus raffinés comme le « test poppérien » ou la « représentation duhemienne ».

Toutefois, cette philosophie qu'ont peut qualifier de rationaliste en raison de l'assujettissement de l'expérience à la théorie est semée d'écueils. Une telle philosophie rationaliste a conduit certains philosophes à se résigner à admettre un certain « holisme » des théories scientifiques.

La critique de l'holisme : l'anti-holisme, l'autonomie et la valeur inductive de l'expérience

L'holisme est basé sur l'idée que de vastes domaines du savoir sont interconnectés. Ce « holisme » s'exprime chez Duhem, qui avait soutenu au sujet des théories physiques qu'il ne peut exister d'« expérience cruciale », c'est-à-dire

[24] *Un cas d'erreur scientifique : les anomalons* La Recherche, juillet/août 1997, p. 904.

d'expérience pouvant à elle seule confirmer ou infirmer une théorie. On trouve une vision semblable chez Quine, qui stipulait que les énoncés sur la nature ne rencontrent nullement l'expérience un à un, mais en totalité, sans qu'aucun énoncé individuel ne puisse infirmer une théorie. Le raisonnement anti-inductif de Popper s'inscrit également dans ce cadre de pensée.

S'il est valable de considérer qu'il n'existe, en vertu de ce « holisme » des théories scientifiques, aucune expérience cruciale, c'est-à-dire d'une expérience pouvant à elle seule confirmer ou infirmer une théorie (Duhem), si aucune expérience prise isolément ne peut infirmer une théorie (Quine) et si aucune expérience, quoique répétée à l'infini, ne peut raisonnablement confirmer une théorie et que cette dernière n'est jamais à l'abri d'une réfutation quand bien même sa confirmation a pu être établie à l'aune d'une multitude d'expériences de confirmation (Popper), alors la théorie n'est ni vraie, ni fausse. Elle est ni vraie puisqu'aucune expérience ne peut la confirmer (Popper), ni fausse parce qu'aucune expérience ne peut l'infirmer (Quine, Duhem). Cette façon de voir est intenable, elle condamnerait la science à la stérilité et à l'agnosticisme.

La difficulté logique de l'holisme en tant qu'interconnexion entre la théorie et l'expérience

Paraphrasant Duhem, Lakatos affirme d'une manière qui reflète magistralement ce « holisme » : « […] Nous ne pouvons ni prouver les théories ni les réfuter[25]. » C'est à tort que ce dernier renvoie cette situation à la dépendance, réclamée par Duhem lui-même, des expériences vis-à-vis des théories. Cette dépendance exprime toute sa vigueur

[25] Pierre Wagner (sous la dir. de), *Les philosophes et la science,* éd.Gallimard, Paris, 2002, p. 987.

épistémologique et son caractère radical, car elle explique comment les conditions de l'expérimentation, sa préparation et l'interprétation de ses résultats dépassent le cadre d'une proposition théorique simplement mise en cause, mais s'étend à tout l'édifice théorique. Ce qui est intéressant à voir dans cette propension méthodologique est son désintérêt froid et son indifférence contagieuse à l'égard de la structure des théories scientifiques. C'est le résultat fâcheux de la difficulté récurrente de réfuter les théories. Dans son fameux livre *la théorie physique,* Pierre Duhem souligne : « [...] Lorsque l'expérience est en désaccord avec ses prévisions, elle lui apprend que l'une au moins des hypothèses qui constituent cet ensemble doit être modifiée ; mais elle ne lui désigne pas celle qui doit être changée[26]. »

Toute l'affaire est en principe dans la difficulté qu'une expérience négative puisse conduire au rejet d'une théorie tout entière. La théorie, selon Duhem, est manifestement trop « immunisée » pour être réfutée par une expérience isolée. L'idée sous-jacente de ce concept de la sous-détermination est la difficulté de séparer l'expérience de la théorie. Il est possible de contourner ce dilemme en supposant qu'il existe une proposition univoque que nous pouvons appeler *proposition expérimentale* et qui n'est que le corollaire de l'expérience cruciale.

De cette façon, la valeur apodictique de l'expérience cruciale est sauvegardée[27]. Ceci signifie que la proposition expérimentale n'affronte pas l'expérience matérielle proprement dite ; la première n'est que l'image théorique de la seconde ; elles sont presque indivisibles. Cette complémentarité est nécessaire pour la science (comme on

---

[26] Pierre Duhem *La Théorie physique, son objet, sa structure* [1906], Vrin, 1981, p. 282.

[27] Les expériences cruciales qui permettent de confirmer les théories existent bel et bien et elles ont une grande valeur pour la science.

pourrait dire, les *deux faces de Janus*) ; sans elle, il serait difficile de définir les limites de la théorie : si les énoncés théoriques affrontent le monde de l'expérience comme un « tout », « un ensemble de propositions » ou comme un « édifice complet », alors ces énoncés pris individuellement n'auront aucune signification empirique. La signification empirique appartiendrait alors non seulement à la théorie mais à la science tout entière. Les incertitudes qu'engendre cet holisme sont d'ordre métaphysique. L'autre difficulté de ce raisonnement inexorablement méthodologique est l'impossibilité d'expliquer cette « solidarité théorique » entre les propositions d'une théorie. En effet, Duhem ne nous explique pas à l'instar de Popper, comment fonctionne la machine théorique. Lorsqu'il parle de « proposition en litige », C'est-à-dire celle dont la prédiction dérivée ne concorde pas avec l'expérience, il ne nous dit pas comment il fonde et justifie cette proposition avant même qu'elle affronte l'expérience. En fait, dans son raisonnement, il peut paraître qu'il y ait contradiction entre l'universalité, la généralité de cet ensemble théorique et l'existence factuelle de propositions théoriques en tant que telles. En un mot, il n'existe pas dans le raisonnement philosophique de Duhem, une ontologie à même de nous dévoiler toute la structure de la théorie.

L'origine du « holisme » des théories scientifiques est fort ancienne. Cette prétendue « vérité holistique » d'une théorie n'est pas la sommation exacte de la vérité des propositions la composant, mais plutôt le résultat d'une croyance erronée en une réalité objective en soi indépendante de la perception humaine. La « réalité objective » a abouti dans le sillage de la philosophie kantienne à l'objectivation de l'expérience, c'est-à-dire à l'absorption de l'expérience par l'entendement humain renfermé dans une théorie. Ce processus a incité les philosophes et les scientifiques à construire de manière artificielle des connexions entre les phénomènes. Par un mimétisme systématique, les connexions entre les phénomènes ont entraîné, à leur tour, des connexions entre les idées et les propositions scientifiques et qui ne sont valables que dans les limites de la construction théorique.

Cette genèse a été le fruit des travaux de nombreux philosophes et de savants, dont Ernest Mach et Philip Frank : « […] Le but de la science de la nature est de parvenir aux connexions entre les phénomènes[28]» (Mach) : « […] Les connexions connues entre les phénomènes forment un réseau ; la théorie cherche à faire passer une surface continue à travers les nœuds et les fils du filet[29]. » (Frank). Le holisme de la théorie concernant le statut de vérité se reflète de manière profonde chez Wittgenstein, qui affirme que « la totalité des propositions vraies est toute la science de la nature (ou la totalité des sciences de la nature)[30]».

L'autre concept qui a forgé les esprits autour de la connexion entre les phénomènes et les idées est l'induction (opération par laquelle nous passons de la connaissance des faits à celles des lois qui les régissent). Mais celle-ci a perdu sa force depuis les attaques philosophiques et logiques dont elle a fait l'objet comme celles de Karl Popper qui a remis en cause l'importance de l'induction pour le progrès scientifique. Contentons-nous de dire que l'induction ne peut être fondée ni sur la logique, ni sur l'épistémologie et qu'à ce titre, il n'est pas possible que l'holisme s'appuie sur elle. D'ailleurs, la

---

[28] Pierre Wagner (sous la dir. de), *Les philosophes et la science,* éditions Gallimard, Paris, 2002, p. 644.

[29] Ibid.

[30] Ludwig Wittgenstein, *Tractatus logico-philosophicus,* Gallimard, Paris, 1993, p. 93.

critique de Popper a eu comme conséquence le retour à un empirisme déductif.

Son système déductif repose sur les tests de l'expérience, seuls susceptibles de falsifier les théories. Popper assimile à un sophisme de conclure à la « vérité » d'une conclusion à la vérité des prémisses. Selon lui, des termes comme « vérité » ne doivent pas s'entendre en un sens absolu mais relativement à la « réfutabilité[31] ». Dans son livre, *Logique de la Découverte Scientifique*, il conclut que l'induction n'est pas seulement dénuée de toute consistance, mais qu'elle n'existe même pas.

Il est, selon lui, illusoire et totalement dogmatique de croire que l'accumulation de preuves favorables à la confirmation d'une hypothèse puisse augmenter la probabilité que cette hypothèse soit vraie. Toute théorie, d'après lui, prend constamment le risque d'être réfutée et testée. À cet égard, il aborde le dogme expérimental sous un autre angle, celui de la « testabilité ». La science, selon Popper, se passe de l'induction parce qu'elle ne doit pas chercher le savoir positif certain. Parce qu'elle ne peut viser, au mieux, que les « certitudes négatives », et « parce qu'enfin ces certitudes négatives (c'est-à-dire que telles ou telles assertions ne soient pas justes), il est parfaitement possible de les dériver des données expérimentales, supposées certaines, et cela sans faire de l'induction. »[32]. Cette conclusion part du principe que pour établir de façon certaine une assertion universelle du type : « tous les oiseaux sont noirs », il faudrait effectuer une infinité ou, du moins, une suite exhaustive d'observations. Il suffirait, par contre, d'une seule et unique observation pour la réfuter.

[31] Popper Karl *La logique de la découverte scientique,* tr. fr. Nicole Thyssen-Rutten, Payot, 1973.
[32] Ibid.

Ce « faillibilisme » agit sur l'asymétrie entre vérification et réfutation (il est plus facile de réfuter que de confirmer) pour proposer une nouvelle façon de voir qui doit ainsi procéder par une suite d'éliminations successives. C'est-à-dire en formulant plusieurs théories et en réfutant ensuite certaines par l'expérience. Celles qui survivraient à ces tests, c'est-à-dire, celles qui, *a priori*, étaient réfutables par ces expériences et qui cependant n'ont pas été réfutées, acquièrent un poids légitime et satisfaisant. On voit déjà dans cette percée philosophique de Popper, une remise en cause de la supériorité de la théorie sur l'expérience empirique et avec une telle approche, le rationalisme et l'holisme sont condamnés.

Mais la conclusion la plus importante de l'« holisme » qui nous a ramené à toute une philosophie basée sur l'assujettissement de l'expérience par la théorie est que si l'on ne peut réfuter ni infirmer une théorie, alors seulement elle est ni vraie ni fausse. C'est ainsi que l'holisme des théories scientifiques est en même temps un « holisme vis-à-vis du statut de vérité » de ces mêmes théories scientifiques. Ces deux versions sont en contradiction avec le principe du « tiers exclu. »

L'holisme reflète dans les théories scientifiques le caractère pour le moins bizarre de non-vérité et de non-fausseté de ces théories (comme corollaires, sur un mode méthodologique, de non-confirmation et de non-infirmation) et ne peut donc expliquer les progrès de la science physique.

On poursuivra donc notre examen de la question de l'holisme qui est la plus dangereuse critique de la conception traditionnelle de l'expérience empirique en tant que phénomène scientifique individualisé dont la signification épistémologique bénéficie d'une certaine autonomie explicative indépendante de la théorie en se penchant sur deux éléments sous-jacents : le premier est la portée de l'holisme pour les liens entre la physique, la science et la savoir humain en général. Le deuxième est une question qui nous interpelle sur la relation entre la théorie et l'expérience : si l'expérience est autonome par rapport à la théorie, cela signifie-t-il qu'elle est totalement a-théorique. En d'autres termes, quel est le minimum d'énoncés théoriques qui sont nécessaires pour permettre à l'expérience de devenir autonome d'un système complet et complexe de propositions théoriques ?

La critique de l'interconnexion holiste entre la théorie et l'expérience

Les liens entre la physique et les autres domaines du savoir qui sont étroitement liées à l'holisme montrent que l'holisme est une doctrine philosophique « expansionniste » qui contamine l'ensemble du savoir scientifique dans une sorte de réaction en chaine métaphysique et théorique. Cette extension sans limites de l'holisme démontre que son essence n'est autre que métaphysique. La leçon qu'on peut tirer de ce processus philosophique et que l'holisme est d'origine ancienne même antérieure à l'apparition de la science moderne.

Le caractère d'historicité de l'holisme montre que ce dernier est antérieur à la science expérimentale moderne qui a évolué peu à peu pour devenir une science technologique à l'époque moderne qui transcende les théories les plus élaborées de la physique. Cette historicité de l'holisme l'empêche de devenir une antithèse féconde à l'empirisme expérimental ou expérimentalisme. Les philosophes qui se réclament de l'holisme ne s'accordent pas en général sur les domaines scientifiques qui sont concernés par l'interconnexion holiste.

Tandis que Duhem limite cette interconnexion à la physique, Quine la généralise à la logique, aux lois scientifiques et au langage. C'est un choix que Duhem n'a pas fait étant donné ses doutes concernant l'holisme en mathématiques[33]. Cette divergence signifie que l'holisme n'est pas une approche naturelle, homogène et cohérente pour qu'elle devienne légitime et valable pour une absorption par la théorie des données de l'expérience et une remise en cause du statut de l'expérience cruciale.

Ce qui est également significatif est la non-reconnaissance par Duhem d'un holisme des autres sciences empiriques. Ceci démontre que les sciences empiriques avec ce qu'elles comportent comme données expérimentales sont autonomes et spécifiques n'ayant pas de lien avec les constructions théoriques holistes. Afin de mieux comprendre cette situation, voyons de près la définition que nous donne Duhem de la physique « un organisme dans lequel une partie ne peut fonctionner lorsque les autres parties qui en en sont éloignées fonctionnent de la même manière mais à un certain degré[34]». Contrairement à Quine qui présuppose que non seulement la physique mais également la logique et les mathématiques sont mutuellement intégrées, Duhem n'est même pas certain que l'ensemble de la physique soit intégré de manière holiste. Il ne parle que d'un groupe de théories qui sont réunies comme une seule discipline. Le champ d'application de l'holisme est de plus en plus petit à mesure qu'on passe d'un philosophe à un autre. Par exemple, Thomas Kuhn parle de paradigmes qui sont liés entre eux comme la mécanique, l'électrodynamique et la thermodynamique mais les paradigmes ne sont pas des théories mais seulement des concepts-force.

---

[33] Moulines C. Ulises *The Ways of Holism*, Source: Noûs, Vol. 20, No. 3 (Sep., 1986), pp. 313-330.

[34] Duhem Pierre *La Théorie physique, son objet, sa structure* [1906], Vrin, 1981, p.90.

Leur champ d'application est donc plus limité que celui d'un groupe de théories selon l'approche de Duhem[35]. Par conséquent, l'holisme est de plus en plus affaibli à mesure que nous explorons l'étendue de la philosophie de la science. Le holisme le plus universel et le plus vaste est celui de Quine qui couvre toute la science tandis que le structuralisme de Kuhn est le plus limité, le plus circonscrit puisqu'il se base sur des paradigmes et non plus sur des théories[36]. L'affaiblissement et l'instabilité de l'holisme s'accompagne d'un manque d'individualité ou plutôt d'homogénéité et de cohérence.

On ne sait plus si un ensemble de théories ou des paradigmes bien définis ou un groupe de sciences comprenant la logique, la physique et les mathématiques ou seulement la physique qui sont les plus pertinents pour devenir des systèmes intégrées au nom de l'holisme. L'incertitude qui entache ces domaines contraste avec le champ bien défini de l'expérimentation.

Celle-ci permet d'ailleurs de rendre l'intégration des théories et des systèmes théoriques encore plus instable. Par exemple, le paradigme holiste qui a dominé la physique durant le XIXe siècle et qui a été engendré par la thermodynamique est l'énergétisme repose sur le concept d'énergie. C'est Boltzmann qui a tenté de remettre en cause ce paradigme en proposant sa théorie des atomes. On ne peut pas dire que les systèmes comme l'« énergétisme » et l'« atomistique » puissent être intégrés. L'un n'a rien à voir avec l'autre à un degré presque ontologique. Ce n'est que l'expérience perceptive bien expliquée par Einstein du mouvement brownien découvert par le naturaliste Robert Brown en 1827 qui a permis de confirmer l'existence des atomes bien qu'il ne s'agissait que des molécules dans ce cas. En 1905,

[35] Ibid.
[36] Op. Cit. p.319.

Einstein est parvenu calculer la taille des molécules grâce à des mesures effectuées sur le mouvement brownien. Le mouvement brownien a donné lieu à une expérience perceptive. Lorsque cette expérience a été refaite, le mouvement a bien été observé ce qui a conforté les observations de Brown et a prouvé que l'expérience fait intervenir un ensemble d'observations bien répertoriées par les scientifiques.

Malgré ce rôle clé de l'expérience, ce fut pourtant un paradigme holiste « l'énergétisme » qui a dominé la physique durant le XIXe siècle, et qui soutenait que l'énergie est la véritable forme de la matière.

Le fait que ce n'était ni la physique entière, ni un groupe de théories qui étaient en jeu mais uniquement un paradigme holiste « l'énergétisme » ayant fait l'objet d'un consensus entre d'éminents physiciens comme Ostwald et Mach, reflète le manque de cohérence et l'instabilité du holisme à cette époque. Ce paradigme a été remplacé par un autre grâce aux travaux de Boltzmann. Mais la résistance des énergétistes a été si forte que ce dernier a été poussé au suicide. Le paradigme atomiste fut en suspens jusqu'au travail d'Einstein qui reflète les caractéristiques de l'expérience perceptive.

Ainsi, le holisme quel qu'il soit est condamné à une vérification expérimentale de dimension perceptive à défaut de laquelle le paradigme holiste, ou un groupe de théories ne seraient que des spéculations métaphysiques.

Voyons à ce propos la stérilité à laquelle est condamnée aujourd'hui la théorie des supercordes qui explique l'ontologie des particules et des forces fondamentales de la nature, sous la forme de vibrations de minuscules cordes en plusieurs dimensions, en raison de l'impossibilité d'une confirmation expérimentale. L'expérience parvient même à remettre en cause un paradigme holiste pourtant solidement établi. Par exemple, en raison du caractère décisif et stable de l'expérience, un processus complexe de rivalité sans répit entre deux théories sur la nature de la lumière a marqué l'histoire de la science aboutissant successivement à des succès et à des échecs récurrents. La théorie de l'émission était connue depuis Descartes et Gassendi, puis elle fut reprise par Newton alors même que la théorie ondulatoire était née avec Huygens grâce à l'expérience de l'astronome danois Römer. Puis elle fut rejetée par Newton et Laplace. La théorie ondulatoire devait plus tard reprendre son essor avec les travaux de Young et Fresnel. Au début du XXe siècle, on devait de nouveau assister à la juxtaposition des deux théories jusqu'à la « synthèse quantique », qui sera marquée par des découvertes inattendues, comme celle des photons, par Einstein.

C'est l'expérience qui provoque la naissance d'un paradigme suffisamment robuste et individualisé pour être reconnu par les scientifiques, ce qui prouve que les holismes ont été de plus en plus rétrécis dans le temps.

Ainsi, on remarque à travers l'histoire de la physique l'émergence de nombreux paradigmes qui sont extrêmement circonscrits contrairement à ce que prétend l'holisme de Quine. On assiste même au développement de plusieurs paradigmes concurrents dans le champ vaste de la physique. Il y a eu non seulement l'aventure des atomes qui a excité une génération de physiciens au point ou Feynman a affirmé que leur existence résume la physique moderne mais également le paradigme ondulatoire (qui s'étend de l'électromagnétisme de Maxwell à la théorie des particules quantiques). Il y a également le paradigme du champ qui tient compte de la force gravitationnelle pour laquelle aucune particule-vecteur n'ait été révélée jusqu'à aujourd'hui. Le champ de vecteur associe à chaque point de l'espace un vecteur, par exemple le vecteur champ de gravité ou le vecteur champ électrique.

Le développement de la mécanique quantique des champs a rendu l'holisme encore plus moribond puisque on ne sait plus aujourd'hui si les entités quantiques sont des particules ou des champs. C'est ce qu'on appelle l'incertitude ontologique de la mécanique quantique des champs.

Il convient de souligner aussi que lorsque nous voulons rendre l'holisme dont l'assujettissement par la théorie de l'expérience[37] n'est qu'un aspect reflétant une circularité, plus opérationnelle, il doit permettre de faire correspondre une construction théorique à une donnée empirique précise. Mais il n'y réussit pas puisque cette correspondance entre l'énoncé scientifique et la donnée de l'expérience exige, dans la version holiste classique, la vérification de tout un ensemble d'énoncés théoriques selon la fameuse thèse Duhem-Quine. Un rapprochement plus simple serait de faire correspondre chaque énoncé théorique à un fait empirique précis. A chaque énoncé ou paradigme, un fait empirique unique. Mais l'holisme exclut d'emblée une telle correspondance puisqu'il suppose l'existence d'un ensemble d'énoncés et de lois théoriques à vérifier en vue d'une telle correspondance au point où il est difficile d'isoler l'énoncé en question. Il y a donc une circularité du raisonnement holiste. Il ne parvient jamais à établir cette correspondance entre l'énoncé théorique et la donnée empirique.

Au-delà de la circularité de la correspondance théorie-expérience, il existe un autre dilemme rédhibitoire pour l'holisme : dans toute tentative de faire correspondre un énoncé théorique à une donnée empirique, l'holisme laisse entendre que le fait expérimental ne peut être isolé de

---

[37] Cet aspect de la dépendance de l'expérience à la théorie n'a pas été déjà mis en évidence dans la littérature sur la thèse Duhem-Quine. Il représente comme nous allons le voir un aspect crucial du holisme dans sa quête expansionniste et extensive.

l'ensemble des hypothèses contenues dans une théorie de manière à rendre caduque toute opération visant à tirer des résultats théoriques à partir d'observations expérimentales. Ainsi, il remet en cause l'existence de l'expérience cruciale. Mais c'est plutôt l'énoncé théorique qui ne peut être isolé. En fait, ces philosophes projettent l'holisme des théories sur l'expérience. Ils théorisent l'expérience avant même de prendre le soin de distinguer la théorie de l'expérience comme point de départ essentiel pour toute analyse objective des relations entre la théorie et l'expérience.

On décèle cette propension plus particulièrement chez Duhem. Dans son célèbre livre *la théorie physique*[38], il insiste sur une remarque importante, plus importante que le reste de ses conclusions philosophiques : à savoir l'impossibilité dirimante pour tout scientifique d'isoler une hypothèse de l'ensemble de la construction théorique dont elle fait partie préalablement à la confrontation avec l'expérience. La théorie fait face, selon lui, à l'expérience comme un « tout organique » et non comme des hypothèses isolées. Duhem nuance ensuite cette remarque en affirmant que cette solidarité entre les hypothèses théoriques se manifeste au moment même où on tente de vérifier une quelconque hypothèse expérimentalement. L'opération de vérification expérimentale intervient alors même que l'hypothèse est renfermée dans un ensemble théorique indivisible et « monolithique ». Cette opération n'est ni pragmatique, ni cohérente sur un plan logique. La mise à l'épreuve de la théorie par l'expérience ne peut procéder de la sorte. La thèse holiste de Duhem ne peut être valable que si une correspondance entre l'hypothèse théorique et une donnée empirique puisse se faire dans une première étape. C'est seulement dans une seconde étape,

[38] Op. cit. Pierre Duhem.

que l'on peut vérifier si la donnée empirique peut permettre ou pas la confirmation de l'énoncé ou de l'hypothèse théorique et voir si réellement la proposition théorique concernée par la vérification expérimentale interpelle un ensemble d'énoncés théoriques et non une hypothèse isolée.

Duhem parle du tout théorique avant même de procéder par étapes rendues nécessaires par le décalage épistémologique entre la théorie et l'expérience. La théorie ne peut pas faire face à l'expérience comme un « tout » difficile à définir et à analyser avant même de savoir ou les choses clochent et avant même de procéder aux correspondances nécessaires entre les hypothèses et les données empiriques. L'holisme hésite entre le postulat et la conclusion.

Figure 1 : la comparaison entre le schéma holiste et le schéma anti-holiste

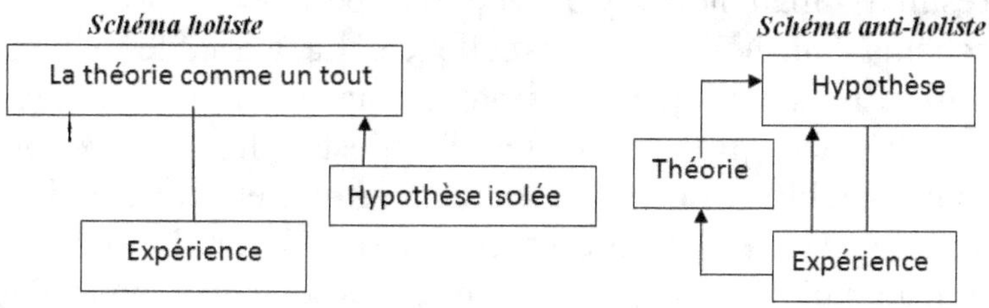

Par ailleurs, l'expérience permet parfois de formuler des hypothèses qui sont reprises ensuite par des théories sans que celles-ci soient confrontées avec cette expérience. Même si ces hypothèses seront par la suite beaucoup plus raffinées dans le cadre de la théorie, il n'en demeure pas moins vrai qu'elles découlent des expériences et non de la théorie. L'hypothèse de la vitesse constante de la lumière découle directement de l'expérience de Michelson et Morley qui visait à démontrer l'existence de l'éther. Cette donnée empirique a été ensuite intégrée dans la théorie de la relativité restreinte d'Albert Einstein. Non seulement le schéma holiste ne reflète pas la correspondance entre l'hypothèse théorique et la donnée empirique en restant confiné dans le « tout théorique » mais il n'explique pas également la manière avec laquelle l'expérience produit des hypothèses en alimentant une théorie *a priori* non liée à cette expérience. Ce type d'expérience se rapproche de la notion d'expérience cruciale que le schéma holiste vise à remettre en cause sans y parvenir vraiment en raison du confinement des hypothèses individualisées dans le carcan théorique.

Le caractère inductif et anti-holiste de l'expérience

Il y a aussi des expériences dont les résultats sont tellement révolutionnaires qu'une série de théories sont élaborées comme des conséquences logiques à ces résultats inattendus. Ce type d'expérience relève d'un schéma anti-holiste par excellence. Là aussi, le schéma holiste ne s'applique pas du tout pour une raison simple : la théorie qu'il faut tester n'est plus un « tout indissociable ». Elle est totalement remise en cause et dans ses ruines, de nouvelles théories surgissent. Le schéma holiste ne prévoit pas une telle conséquence pour une expérience donnée tandis que le schéma anti-holiste de par son circuit dynamique permet d'entrevoir que, dans certains cas, des données empiriques obtenues par une telle expérience correspondent à de nouvelles hypothèses qui ne sont pas prévues par la théorie de départ. Un tel circuit montre que la relation entre la théorie et l'expérience est manifestement complexe et dynamique (voir figure n°1).

Par exemple, la situation de la mécanique quantique depuis ses débuts met en évidence le rôle de l'expérience dans la remise en cause des notions les plus familières de la mécanique classique.

Dans son cours de physique, Feynman affirme « [...] Dans les sciences, la situation est la suivante : un concept ou une idée qui ne peuvent pas être mesurés ou qui ne peuvent pas être reliés directement à l'expérience peuvent être utiles ou ne pas l'être. Ils ne sont pas nécessaires dans la théorie[39]. » L'élaboration de la mécanique quantique a révélé d'une manière précise et éclatante l'importance de relier n'importe quel concept à l'expérience. Feynman le dit explicitement : « Lorsque la nouvelle mécanique quantique fut découverte, les physiciens classiques... dirent « écoutez, votre théorie n'est bonne à rien puisque vous ne pouvez pas répondre à des questions comme « quelle est la position exacte de la particule ? Par quel trou passe-t-elle ?, et quelques autres. » La réponse de Heisenberg fut « je n'ai pas besoin de répondre à de telles questions parce que vous ne pouvez pas les poser expérimentalement » Nous *n'avons pas* à nous les poser[40]»

Il y a un exemple encore plus fascinant, c'est celui de la catastrophe ultraviolette de Max Planck. Cette expérience n'est pas simplement cruciale, elle a donné naissance à toute la physique quantique. Elle est le point de départ d'une odyssée laborieuse qui a permis durant une dizaine d'années de créer les premières théories quantiques. Le physicien anglais Lord John Rayleigh énonce la loi du rayonnement émis par un corps chauffé à grande température : la puissance rayonnée est proportionnelle à la température absolue est inversement proportionnelle au carré de la longueur d'onde. Le rayonnement thermique est plus intense à mesure que la longueur d'onde est plus

[39] Feynman/Leighton/Sands « Le cours de physique de Feynman – Mécanique quantique », Version française de B. Equer, P.Fleury, InterEditions, Paris, 1979, p. 28.
[40] Ibid.

courte. Mais les choses vont autrement pour les longueurs d'onde les plus courtes comme l'ultraviolet. Pour de telles longueurs d'onde, les valeurs sont quasiment infinies. C'est ce qu'on appelle historiquement parlant la « catastrophe ultraviolette ». Afin de résoudre cette énigme, Max Planck à élaboré en 1900 une hypothèse audacieuse : le rayonnement thermique évolue sous forme de vibrations : le rapport entre l'énergie d'une vibration E et sa fréquence *v* donne toujours une constance ou un multiple entier de cette constante qu'on appelle constante de Planck.

Ceci signifie que l'émission d'un rayonnement par un corps se réalise par des quantités bien déterminées appelées quantum et non par une quelconque valeur. Cette nouvelle vision des choses a battu en brèche la physique classique. L'expérience de la catastrophe ultraviolette étudiée et expliquée par Planck a abouti à une hypothèse audacieuse qui n'a rien à voir avec la théorie de Rayleigh et qui a été le point de départ d'une suite ininterrompue de théories quantiques. Il est bien connu que Planck a utilisé à merveille des concepts théoriques appartenant entre autre à la thermodynamique de Boltzmann. Mais cette utilisation n'intervient que suite aux observations du spectre du rayonnement thermique et plus particulièrement des rayons dont les longueurs d'onde sont de plus en plus courtes comme le bleu, le violet et plus loin l'ultraviolet qui ne concordent plus avec la formule de Rayleigh.

Cette expérience montre que le déroulement de la science ne s'embarrasse pas de l'holisme. Planck ne s'est pas soucié de la solidarité entre les énoncés théoriques au sein d'un édifice bien robuste à tester par l'expérience. Bien au contraire, il voulait connaître la cause de la non-concordance entre les observations des longueurs courtes du rayonnement et une seule hypothèse qui n'est pas seulement isolée mais bien déterminée et censée s'appliquer à toutes les longueurs d'onde (hypothèse de

Rayleigh). Un tel processus montre que le schéma anti-holiste est plus viable.

La théorie censée motiver et expliquer, selon la thèse de Duhem, l'expérience de la catastrophe ultraviolette a été même remise en cause. Mais encore toutes les théories de la physique classique (théorie électromagnétique de Maxwell, la loi formulée en 1893 par Wilhelm Wien selon laquelle le rayonnement émis par le corps noir dont la longueur d'onde est la plus grande est inversement proportionnelle à la température ainsi que toutes les théories de la physique classique) qui sont, selon le schéma holiste, liées à l'hypothèse de Rayleigh ont été transcendées et dépassées par la découverte de Planck. Celle-ci a entrainé la remise en cause de toute la physique classique. La catastrophe ultraviolette reflète inexorablement une « catastrophe holiste » qui cesse d'être applicable aux expériences de physique.

Quant aux théories qui expliquent selon la thèse de Duhem le fonctionnement de tous les appareillages expérimentaux utilisés par Planck, elles ne sont pas directement concernées par la mise à l'épreuve de l'hypothèse de Rayleigh.

La valeur cognitive de leur utilisation est induite dans le processus de compréhension par Planck de son travail théorique et expérimental.

Mais le lien entre cette utilisation et l'hypothèse révolutionnaire de Planck est dilué. La connaissance des modes de fonctionnement de ces instruments expérimentaux s'est ancrée dans les habitudes des expérimentateurs depuis un temps tellement long que les prétendues énoncées et concepts théoriques sous-jacents à la maitrise de leur utilisation se sont fossilisés dans les expériences acquises par ces scientifiques. Ces connaissances se perpétuent de manière presque inconsciente. Même les appareillages qu'Hertz a inventés, lui qui était un pur expérimentateur, n'ont pas suscité dans la littérature sur ce scientifique un intérêt particulier en termes de rapports significatifs avec les résultats de ses expériences. Au-delà de cet aspect, il convient de rappeler que les expériences possèdent une puissance inductive au point de mettre en éclats le schéma holiste.

La critique de l'interconnexion holiste entre les concepts théoriques

Il convient également de rappeler que l'holisme concerne plus particulièrement la théorie plutôt que l'expérience. Il n'existe pas de schéma holiste précis pour l'expérience ou plutôt de réponse holiste précise lorsqu'il s'agit de faire correspondre une hypothèse théorique donnée à une donnée empirique déterminée.

Le holiste affirme dans ce cas qu'il est très difficile de prétendre que l'hypothèse théorique isolée puisse être celle qui correspond bien au fait empirique et à nul autre. Il précise que dans ce cas, il est nécessaire d'examiner cette hypothèse en relation avec un ensemble de concepts et de théories. L'identité de cette hypothèse ne peut être reconnue si un tel lien n'est pas établi entre l'hypothèse concernée et l'ensemble théorique. L'holisme est conçu selon les tenants de cette doctrine pour être certain de l'identité de toute hypothèse théorique à l'égard des faits empiriques. Mais de cette manière, c'est la théorie qui devient un champ incertain puisque l'holisme n'épuise jamais les relations entre les concepts et les hypothèses qui y sont contenues ou celles qui appartiennent à d'autres théories jusqu'à la régression à l'infini. L'une des raisons à cette mise en relation complexe entre les constructions théoriques suivant le schéma holiste est la similarité mathématique entre ces constructions.

On peut ajouter à l'identité mathématique des théories physiques, une certaine identité épistémologique. Nous connaissons de cette même manière la signification physique de la masse grave et de la masse inerte, de l'attraction et de la gravitation. Une telle identité et une telle similarité jettent le doute sur l'identification précise de la construction théorique adéquate à une correspondance avec le contexte empirique comme l'orbite d'une planète. Pour préciser davantage les choses à travers un exemple, on peut dire que la forme mathématique d'une loi physique comme la loi de gravitation de Newton est exactement la même que celle de la loi électrostatique de Coulomb[41]. Dans ces deux lois, la force est proportionnelle au produit de la valeur de deux grandeurs physiques et elle est inversement proportionnelle au carré de la distance entre ces deux grandeurs (charges électriques dans le cas de la loi de coulomb et masses dans le cas de la loi de Newton). Les symboles algébriques de ces deux lois mettent en jeu une même équation indépendamment de la signification des grandeurs qui y sont représentées[42]. Dans la mesure où la structure algébrique est identique dans les deux lois physiques, elle ne permet pas, par conséquent, de les distinguer vis-à-vis des contextes empiriques proposés.

La loi de gravitation de Newton ne parvient pas à elle seule à expliquer les contextes empiriques parce que la signification des grandeurs physiques qui y sont contenues n'est possible que si cette signification est associée à la signification épistémologique d'un ensemble de concepts comme la loi de conservation du moment angulaire et la deuxième loi de Newton (la force est égale au produit de la masse et de l'accélération).

---

[41] Op.Cit. C. Ulises Moulines.
[42] Ibid.

A cette manière de voir l'identité des lois physiques, nous pouvons opposer deux arguments : le premier est relatif au fait que les deux lois ne se distinguent pas vraiment en vertu de leur forme algébrique ou même de la signification des grandeurs physiques comme la masse ou la charge électrique qui sont des grandeurs variables et ouvertes à l'hypothèse mais elles le sont plutôt en vertu des constantes physiques qui figurent à la première place dans les deux équations. Concernant la loi de gravitation de Newton, il s'agit de la constante de proportionnalité qui porte le nom de Newton et qui a été calculée expérimentalement.

Henry Cavendish l'a mesuré en 1798 en utilisant une balance de torsion constituée de deux boules en plomb placées dans une tige horizontale. La fréquence des oscillations lui a permis de calculer la force de gravité entre les boules. Avec de telles données empiriques, Cavendish a calculé la constante de gravitation. S'agissant de la loi de Coulomb, la constante est exprimée sous cette formule $\varepsilon_0 \cong 8{,}854 \times 10^{-12}\ \mathrm{F \cdot m^{-1}}$ est elle est appelée constante diélectrique, ou permittivité du vide.

Ces deux constantes à l'instar du riche tableau des constantes physiques sont calculées grâce aux expériences. On voit là une intrusion de données empiriques dans le cœur des lois physiques, ce qui remet en cause encore une fois l'holisme de la théorie. Aucune constante n'est liée à une autre. Elle est individuelle et tire sa substance de la puissance de la réalité expérimentale. Ce sont donc les constantes qui distinguent des lois comme celles de Newton et de Coulomb. Ces deux lois ne se ressemblent pas épistémologiquement. La ressemblance algébrique est vraiment trompeuse puisque elle dissimule la différence épistémologique d'origine empirique. Celle-ci est exprimée par les constantes physiques.

Deux constantes universelles expriment toute la plénitude de la distinction épistémologique entre les théories physiques. La constance de gravitation et la constance de Planck. La première est une constante de proportionnalité qui exprime l'attraction entre deux corps. La deuxième permet de relier l'énergie d'un photon E à sa fréquence v. Elles sont les grandeurs les plus universelles dans l'univers : la première concerne la gravitation et la deuxième traite de l'énergie au niveau microscopique et de ce fait, elles sont distinctes sur le plan épistémologique car elles expriment des ontologies physiques différentes de l'infiniment grand et de l'infiniment petit.

L'holisme des théories ne peut se maintenir non seulement en raison du caractère empirique des constantes mais également du fait de la non-universalité de l'identité (la similarité) mathématique des lois physiques. La comparaison entre la loi de Newton et la loi de Coulomb est une pure coïncidence en philosophie des sciences. Il existe de nombreuses théories dont la structure mathématique et la signification physique empêchent l'établissement de liens avec d'autres concepts ou théories en vue de parvenir à la correspondance nécessaire avec les données empiriques. Les théories de la mécanique quantique sont les meilleurs exemples dans ce cas.

L'anti-holisme des théories et des expériences de la mécanique quantique

On va examiner trois exemples qui montrent que la mécanique quantique ne permet pas de vérifier le schéma holiste malgré le fait que les théories y afférentes correspondent parfaitement aux données empiriques (ces théories expliquent bien les phénomènes empiriques comme le spectre des atomes). Elles possèdent, par ailleurs, une identité mathématique très différente de celle de la mécanique classique ou newtonienne ce qui remet en cause un type d'holisme qui pourrait s'appuyer sur l'identité mathématique entre les lois physiques.

Leur signification physique rompt avec celle de la physique classique. De cette manière, elles sont anti-holistes. La théorie de Niels Bohr reprend le modèle planétaire de Rutherford d'une manière qui reflète une correspondance parfaite avec les données empiriques. Rutherford a projeté des particules alpha sur une mince feuille d'or et a effectué des observations précises qui ont permis de mettre en évidence le modèle planétaire de l'atome. Mais ce modèle ne ressemble ni mathématiquement, ni physiquement à aucun modèle classique connu.

Bohr s'efforçait en 1913 de bâtir un modèle qui permet d'expliquer pourquoi l'électron ne s'écrase pas sur le noyau en perdant de l'énergie et qui soit concordant avec les données recueillies sur le spectre d'hydrogène. Ce modèle part de l'idée que les électrons évoluent dans des orbites bien déterminées en n'émettant aucun rayonnement. De cette manière, l'électron ne peut s'écraser sur le noyau. Mais cette particule peut quitter son orbite stationnaire pour gagner une orbite plus haute en absorbant un photon, le quantum d'énergie. Elle peut aussi émettre un photon et dans ce cas, elle saute d'une orbite haute vers une orbite basse. Ces allers-retours étranges de l'électron expliquent pourquoi les atomes absorbent et émettent des longueurs d'onde précises, un phénomène inexplicable autrement. Bien que ce modèle ne reproduise aucune image familière et perceptive en s'affirmant comme un modèle rationnel, formel, inductif et anti-empiriste, il n'en demeure pas moins important de soulever que l'hypothèse de Bohr n'a été conçue que pour se conformer aux résultats expérimentaux. Les sauts quantiques des électrons expliquent parfaitement l'émission des rais spectraux de fréquence *v*.

Cette percée théorique de Bohr a permis d'introduire ce qu'on appelle la quantification dans le monde atomique. Ainsi, des notions aussi étranges que révolutionnaires ont fait leur entrée dans le monde microscopique comme le moment cinétique quantifié de l'atome qui est le produit de la constance de Planck et d'un nombre entier positif.

Il convient de préciser que la quantification du monde atomique a ouvert la voie à une transformation conceptuelle en physique qui traduit une rupture avec la physique classique. La quantification est une notion anti-holiste par excellence qui ne peut être rapprochée de toutes les anciennes notions classiques de la physique. Selon, le schéma holiste, le moment cinétique quantifié correspond tout de même aux notions théoriques sur le moment cinétique de la mécanique classique qui peut être induit des lois du mouvement de Newton comme la deuxième et la troisième loi et les notions sur la quantité de mouvement, l'accélération, etc. Mais il n'en demeure pas moins étrange que la quantification elle-même n'obéit à aucun schéma holiste puisqu'elle ne correspond à aucune notion classique.

L'existence de notions comme le moment magnétique quantifié relève du caractère instable de la théorie atomique de Bohr et de la cohabitation en son sein de notions classiques et de notions quantiques. L'atome de Bohr reprend en fait le modèle planétaire de Rutherford dans lequel les électrons et le noyau sont des particules physiques qui obéissent aux lois de la physique newtonienne et des lois sur l'électromagnétisme tout en y introduisant la constante de Planck qui n'a aucun équivalent en mécanique classique. Cette juxtaposition de notions quantiques et de notions classiques explique le caractère bizarre des sauts électroniques : « Les électrons obéissent aux lois de Newton tant qu'ils sont sur leurs orbites et aux lois de Planck-Einstein quand ils sautent d'une orbite sur une autre[43]. » Cette cohabitation disparaîtra progressivement à mesure que la quantification s'affirme de plus en plus dans le monde atomique.

L'introduction du spin représente un moment singulier dans ce processus anti-holiste. Cette notion quantique n'a aucun équivalent en physique classique malgré certaines tentatives visant à le représenter comme une rotation des particules quantiques sur elles mêmes en plus des trois degrés de liberté de translation. Cependant, les physiciens ont renoncé progressivement à cette notion de « rotation » en se résignant à admettre sa nature purement quantique.

L'idée d'introduire cette notion quantique révolutionnaire a été avancée par Pauli en décembre 1920 pour l'électron, afin de rendre compte d'un phénomène quantique mystérieux à l'époque : l'effet Zeeman anormal. La découverte du spin par Samuel Goudsmit et George Uhlenbeck en septembre 1925 a confirmé son existence. La démarche de Pauli s'inscrit dans le cadre du renforcement du cadre formel de la mécanique quantique en rupture avec la mécanique classique. La portée d'une telle découverte est sans commune mesure avec les travaux antérieurs. Non seulement, le spin consolide le cadre formel de la mécanique quantique et rend la quantification irréversible dans la construction de la nouvelle physique, mais en plus il donne tout son sens à la nouvelle physique des particules en pleine naissance. Le modèle standard s'articule étroitement autour de ce concept. Les particules sont classées selon la valeur de leur nombre quantique de spin : les bosons qui sont les vecteurs des forces fondamentales ont un spin entier ou

[43] Op. Cit. Sven Ortoli/Jean-Pierre Pharabod, p. 36.

nul alors que les fermions qui sont les particules du monde microscopique ont un spin demi-entier.

Ainsi, le schéma holiste perd progressivement du terrain en physique puisque les nouvelles notions quantiques ne correspondent à aucunes autres notions qui leurs sont anciennes. Le spin, par exemple, n'a pas d'équivalent en physique classique. Son introduction représente le point de départ de la construction de concepts non seulement étranges mais anti-holistes par excellence. Nous pouvons en examiner quelques uns afin de voir de près qu'aucune autre notion, concept ou théorie se situant en dehors de cette mécanique quantique s'en rapprochent ou représentent des équivalents théoriques. D'abord, il faut prendre conscience de l'importance de la notion d'observable. Un observable est représenté par un opérateur opérant sur des vecteurs d'un espace de Hilbert. Ces vecteurs représentent à leur tour les états quantiques qui sont constitués d'états déterminés et regroupés ensembles. Toutefois, chaque état est potentiellement observable par suite d'une mesure. Celle-ci est de nature probabiliste et aléatoire. Des mesures répétées des grandeurs comme la position et l'impulsion donnent lieu à des résultats différents. Ceci se traduit sur le plan mathématique, par la non-commutativité des opérateurs qui représentent ces grandeurs ou observables. Ce qui signifie qu'on ne parvient pas à mesurer simultanément les observables comme la position et la quantité de mouvement.

Ceci a été à l'origine de la formulation du théorème d'incertitude de Heisenberg, appelé aussi principe d'indétermination. Le produit des écarts types pour la position et l'impulsion doit être supérieur ou égal à la constante de Planck divisée par 2. Les observables de la position et de l'impulsion sont juste donnés à titre d'exemples : les relations d'incertitude s'appliquent en fait à tous les opérateurs qui ne commutent pas.

Là on sort vraiment du cadre holiste. Le principe d'indétermination ne se rapporte à aucune espèce d'énoncé, de notion, de concept ou d'une quelconque construction théorique antérieure. C'est une construction qui transcende complètement toutes les théories de la physique est représente le point à partir duquel la physique quantique ne se réunit plus avec la mécanique classique. Il faudrait ajouter que ce principe s'accorde parfaitement avec les observations expérimentales. Il en découle même pour reprendre ce que nous avions déjà affirmé sur la nature inductive de l'expérience. On voit bien ici que l'holisme n'absorbe nullement l'expérience. Les mesures répétées des observables représentent l'ensemble des données empiriques qui correspondent à l'hypothèse théorique relative aux relations d'incertitude. Il n'est nullement nécessaire de recourir à d'autres notions ou constructions théoriques qui d'ailleurs n'existent pas.

Par ailleurs, la formulation algébrique de cette hypothèse est très spécifique et ne peut jeter un doute sur une quelconque utilisation différente de celle-ci. Ainsi, à chaque fois, les mesures probabilistes des observables « positon » et « impulsion » donnent des résultats différents. Ce caractère probabiliste et aléatoire correspond directement à la non-commutativité des opérateurs sur les vecteurs de l'espace de Hilbert (états quantiques) qui met en évidence l'indétermination sur la position et l'impulsion. Le point d'interrogation dans la figure ci-dessous représente le caractère improbable d'un lien ou d'un rapprochement avec une construction théorique hypothétique qui se situe à l'extérieur de cette correspondance directe entre la mesure expérimentale des observables et l'hypothèse de Heisenberg avec sa formulation algébrique relative à la non-commutativité des opérateurs sur les vecteurs de l'espace de Hilbert (états quantiques).

Revenant maintenant à la notion algébrique d'observable. Les états quantiques que nous avons examinés forment une sommation infinie de vecteurs dans l'espace de Hilbert.

Le carré de la norme de tous les vecteurs qui représentent les états possibles donne la probabilité de présence de la particule dans un espace déterminé. C'est ce qu'on appelle le principe de superposition. Cette superposition s'annule lors de l'opération de mesure. Lorsqu'on observe un système quantique, il se produit un phénomène appelé « décohérence » ou « réduction du paquet d'onde » parce que cet ensemble infini de vecteur est représenté grâce à une fonction d'onde qui a été formalisé dans un contexte particulier aux travaux de Heisenberg, de Bohr et de Pauli qui ont permis de jeter les bases de la mécanique quantique selon l'interprétation de Copenhague.

Figure 2 : Schéma anti-holiste des relations d'incertitude de Heisenberg

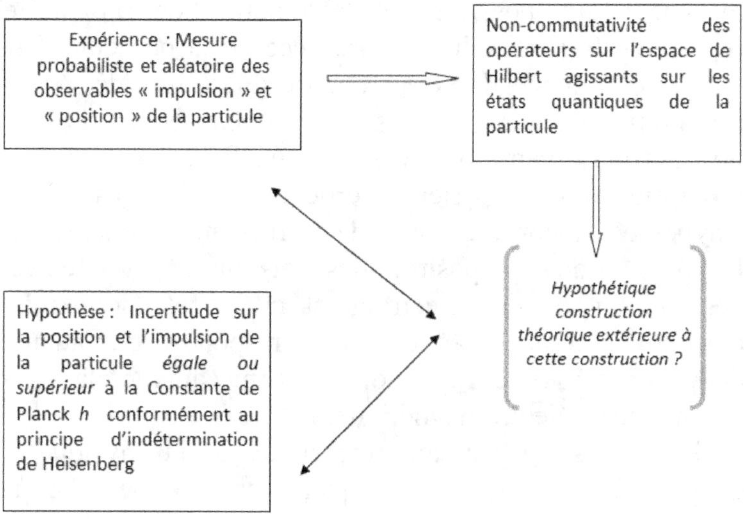

Le principe de superposition est l'une des hypothèses les plus énigmatiques de la mécanique quantique qui s'éloigne ostensiblement de toutes les constructions connues et donne à l'interprétation anti-holiste sa configuration définitive. Mais quelle est l'expérience cruciale qui correspond à cette hypothèse extraordinaire et anti-holiste de la mécanique quantique. C'est bien entendu l'expérience des fentes de Young qui révèle l'interférence de deux faisceaux de lumière provenant d'une source unique. Ces deux faisceaux traversent deux trous percés dans un plan sombre. Sur un écran placé juste après ces fentes, on observe une diffraction. Cette expérience a été réalisée avec un seul électron et on observe un résultat similaire d'interférence. On en conclu que cette particule bien qu'elle semble individualisée traverse les deux fentes à la fois. Elle interfère donc avec elle-même. Ce résultat empirique correspond à l'hypothèse de superposition : l'électron est une fonction d'onde de probabilité où les vecteurs sont les états possibles. Il n'y a aucune préférence entre ces états. Le phénomène de diffraction représente tous les états possibles et la fonction de probabilité représente la probabilité de présence de la particule dans un espace donnée. L'expérience de diffraction de Young (du nom du savant anglais qui l'a réalisé en 1801 en utilisant seulement comme source un faisceau lumineux) représente une expérience cruciale qui correspond à l'hypothèse théorique phare de la mécanique quantique : l'hypothèse de superposition des états qui a été testée avec des photons et des électrons et elle a été solidement corroborée. Cette hypothèse ne correspond à une aucune autre hypothèse théorique connue en mécanique classique ou en théorie électromagnétique.

Toutes les constructions théoriques de la physique en dehors de la mécanique quantique ne peuvent se rapprocher ou correspondre à la superposition des états quantiques. En physique classique, un système est toujours dans un état dans lequel il possède une valeur bien déterminée excluant toutes les autres valeurs. Par contre, en mécanique quantique, un système peut se trouver dans un état qui est une superposition de toutes les valeurs possibles. Une telle construction théorique n'a pas d'équivalent en mécanique non-quantique et n'est induite par aucune autre loi ou concept qui lui est antérieure. Elle est vraiment individualisée et spécifique au plus haut point. Le plus étonnant est que l'holisme ne peut même pas survivre à l'intérieur de la mécanique quantique elle-même.

Non seulement, une hypothèse théorique comme la superposition des états quantiques ne correspond à aucune construction théorique en mécanique classique, mais en plus elle ne découle pas nécessairement des autres concepts théoriques de la mécanique quantique.

Figure 3 : Schéma anti-holiste du principe de superposition

Expérience de Young : passage des ondes de lumière ou de matière lorsqu'elles traversent deux trous percés dans plan. Un phénomène de diffraction est observé sur l'écran placé derrière le plan.

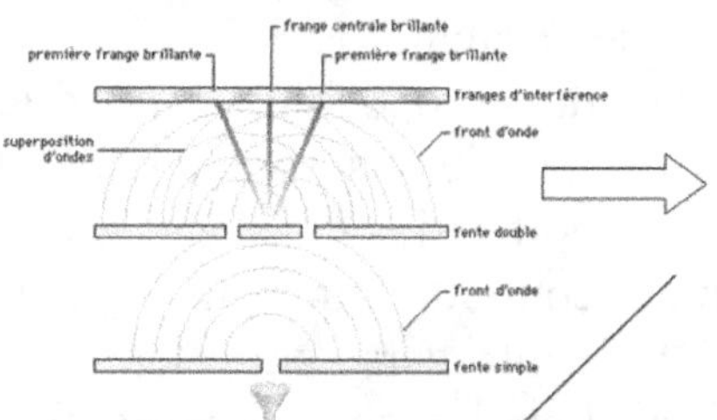

Hypothèse de superposition : La particule ou l'onde lumineuse sont des fonctions d'ondes qui représentent tous les états possibilités ainsi que la probabilité de présence de ces entités. Lors de la mesure, cette fonction d'onde se réduit et on observe un seule état possible.

Hypothèse mathématique : Les vecteurs représentent les états quantiques qui peuvent se décomposer en des états propres combinées dont chacun est un état possible pour l'observable. Ces états quantiques forment une sommation infinie de vecteurs dans l'espace de Hilbert.

? Aucune autre hypothèse théorique ne correspond à cette hypothèse de superposition

Il est nécessaire d'évacuer deux malentendus ou deux grands écueils à ce propos. Le premier a trait au fait que l'on peut de manière relativement inaperçue commettre l'erreur suivante : prendre tous les principes de la mécanique quantique dans la même trame, ou dans la même théorie unifiée et parler ainsi d'une théorie quantique globale. Ce piège est d'autant plus difficile à éviter, si l'on suit comment en fait les physiciens ont procédé de manière à unifier certaines théories du monde quantique dans le but de faciliter à la fois sa compréhension et sa synthèse. Cette façon de procéder entraîne une véritable liberté d'interprétation des phénomènes quantiques. Rien de tel, ni en théorie de la relativité restreinte ni en théorie de la relativité générale. Les propositions de la mécanique quantique les plus célèbres concernent la non-commutativité des matrices de Heisenberg ; le principe de superposition ; les relations d'incertitude ; les ondes de Louis de Broglie et la mécanique ondulatoire de Schrödinger ; le principe de complémentarité de Bohr expliquant la dualité onde-particule ainsi que le principe de correspondance entre les mécaniques quantique et classique en présence d'un nombre relativement grand de particules.

Or, loin de représenter des propositions théoriques fondamentales d'une même théorie, ils sont en fait des concepts représentant plusieurs théories qui dans certaines conditions étaient totalement contradictoires sur le plan de l'interprétation physique. La controverse entre les tenants de l'école de Copenhague, dont les chefs de file furent Heisenberg et Bohr, et les tenants de l'interprétation réaliste de la mécanique quantique, dont les plus fervents défenseurs furent Einstein et Schrödinger, le reflète clairement. La mécanique quantique n'est donc pas une théorie unifiée, c'est plutôt un conglomérat de théories plus au moins convergentes et dont les concepts ne sont pas parfaitement réductibles les uns aux autres. Le deuxième écueil est lié au fait que les théories quantiques diffèrent des théories relativistes en matière de contenu épistémique de ces théories. Contrairement à la théorie de la relativité restreinte et à la théorie de la relativité générale, les théories quantiques ne peuvent pas être qualifiées de « réalistes ». Elles sont plutôt « fonctionnalistes », dans la mesure où elles fonctionnent assez bien en faisant cohabiter les observations et l'appareil mathématique de la théorie sans éluder ce que les phénomènes cachent en réalité.

Selon l'école de Copenhague, la mécanique quantique présente deux particularités importantes qui font de ce domaine de la physique, un courant de pensée empiriste : d'abord, ses principes comme celui de la superposition permettent de prédire de manière précise les résultats expérimentaux et sont conformes aux observations empiriques. Par ailleurs, la mécanique quantique ne prétend nullement expliquer la réalité sous-jacente des phénomènes quantiques. C'est pour cette raison qu'elle n'a nul besoin des variables cachées qu'Einstein voulait introduire dans cette physique sous le prétexte qu'elle est incomplète. La mécanique quantique ne va pas au-delà des principes sur lesquels elle est articulée. En d'autres termes, il n'y a nul besoin de faire des hypothèses sur la réalité physique et il est primordial de se conformer uniquement aux observations empiriques. Isaac Newton a formulé une thèse similaire : *Hypotheses non fingo* « Je n'avance pas d'hypothèses ». Cette doctrine est l'essence même de l'empirisme sur lequel la science a été basée depuis Newton.

Mais tout cela ne devrait pas cependant occulter l'essentiel de notre interrogation, à savoir le lien entre théorie et expérience et le statut de la vérification expérimentale des propositions théoriques quantiques.

L'holisme n'est pas valable pour la mécanique quantique en raison, d'une part, de la fragmentation des postulats de ce domaine de la physique et, d'autre part, de la multiplicité des interprétations de certains concepts les plus importants comme la fonction d'onde. Dès lors que l'interprétation d'un concept comme la fonction d'onde n'est pas unique, il ne peut alors correspondre à aucun autre concept théorique que se soit en mécanique classique ou en mécanique quantique. Par ailleurs, le principe de superposition n'est pas vraiment induit par les autres principes ou postulats de la mécanique quantique, ce qui signifie l'exclusion de l'holisme de ce domaine spécifique de la physique. Les postulats de la mécanique quantique ont chacun leur logique sous-jacente propre qui leur confère une certaine autonomie. Cette façon de voir est appuyée par l'interprétation de Copenhague selon laquelle la fonction d'onde ne traduit pas une réalité physique. C'est uniquement après l'opération de mesure, que l'état quantique devient réel. Cette manière très étrange de décrire la nature de la fonction d'onde signifie qu'elle oscille entre réalité physique et réalité mathématique. Malgré ce caractère étrange de la fonction d'onde, il n'en demeure pas moins vrai que cette oscillation est ce qui caractérise véritablement la mécanique quantique dans le sens d'une fragmentation épistémologique.

La fragmentation des postulats de la mécanique quantique et le rôle de l'expérience dans la rationalisation de ce processus

Il y a, d'une part, une fragmentation en termes d'interprétation de la fonction d'onde et, d'autre part, une fragmentation du reste des postulats théoriques de la mécanique quantique. Ces deux types de fragmentation relèvent de logiques différentes. La première est liée à la connaissance précise de la réalité et de la nature de la fonction d'onde, l'entité la plus fondamentale de la mécanique quantique. Quant à la deuxième, elle est de nature épistémologique : en l'état actuel de nos connaissances, on ne peut pas déterminer à l'avance si l'un des postulats ne sera pas réfuté. Ces postulats n'ont pas le même destin et le processus de leur élaboration est différent.

Commençons d'abord, par le premier type de fragmentation qui est d'un intérêt particulier pour notre critique de l'holisme. La fonction d'onde fait l'objet d'un débat controversé sur sa nature physique. Il y a d'abord l'interprétation de Copenhague, selon laquelle, la fonction d'onde est un objet mathématique qui reflète la probabilité de présence d'une particule dans un endroit précis. La densité de probabilité de présence de la particule dans la position ***r*** à l'instant ***t*** est alors donnée par le carré du module de la fonction d'onde. La probabilité de présence d'une particule est considérée, par les fondateurs de cette école de pensée, comme la probabilité du résultat d'une mesure. Or, la mesure perturbe le comportement d'une particule quantique et il devient alors possible de connaitre en même temps deux de ses propriétés (comme l'énergie et la vitesse ou la position et la vitesse) selon le fameux principe d'indétermination de Heisenberg. C'est pour cette raison qu'on parle de probabilité de présence d'une particule. Il y a une indétermination de principe à connaître le résultat d'une mesure de la position et de l'état d'une particule. Une fois, la mesure effectuée, la fonction d'onde s'effondre. C'est ce qu'on appelle la réduction du paquet d'onde. Cette interprétation fait l'objet d'un large consensus parmi les physiciens.

La deuxième interprétation est celle de David Böhm qui est appelée aussi l'interprétation de l'onde-pilote de Louis de Broglie. Elle prédit que la fonction d'onde existe réellement dans le monde physique. Une onde-pilote est associée à la particule et détermine sa position et son mouvement.

L'onde-pilote est distincte de la particule, laquelle possède une vitesse et une position bien déterminées. Mais elle agit sur la particule à travers un potentiel quantique. Contrairement à la théorie de Bohr-Heisenberg (Ecole Copenhague), la théorie de Broglie-Böhm est déterministe. Mais ce déterminisme se heurte à des difficultés inhérentes au monde quantique. Par exemple, comment l'onde-pilote agit sur la particule. On ne connait pas le vecteur qui permet cette interaction d'où les soupçons qui pèsent sur cette interaction en la qualifiant d'action à distance qui viole la théorie de la relativité restreinte.

La troisième interprétation est celle des univers multiples d'Everett. Celle-ci part du principe que l'observation et la mesure de l'état quantique ne sont pas probabilistes mais déterministes. Le monde quantique est également déterministe. Ces deux postulats représentent un rejet pur et simple de l'interprétation de Copenhague. Selon cette approche, l'Univers se multiplie en plusieurs branches dans lesquelles se réalisent les différents résultats de la mesure sans pour autant que se réalise un effondrement de la fonction d'onde. C'est à cette condition que le principe de la dualité onde-corpuscule et le principe de superposition des états quantiques sont réconciliés. Lorsqu'on veut connaitre par laquelle des deux fentes un photon est passé (expérience des fentes de Young), il y aura deux bifurcations, c'est-à-dire, la formation de deux branches séparées dans lesquelles le photon passe par une seule fente. L'interprétation d'Everett contourne ainsi le problème de la superposition des états quantiques dont une illustration légendaire n'est autre que le paradoxe du chat de Schrödinger.

Concernant ce paradoxe, Everett affirme que le chat est mort et vivant à la fois. Mais ces deux évènements se réalisent dans deux branches séparées de l'Univers. Toutefois, cette interprétation suscite des interrogations sur deux énigmes auxquelles cette théorie fait face : elle n'explique pas, d'une part, les causes sous-jacentes à l'articulation de l'Univers en plusieurs branches[44].

Par ailleurs, le concept d'intrication des états quantiques qui révèle la corrélation entre les propriétés des particules quantiques qui sont séparées dans l'espace physique (les particules quantiques agissent comme un seul système quantique) entre en contradiction avec l'idée de la formation de plusieurs branches séparées de l'Univers qui correspondent chacune aux résultats observés lors de la mesure.

Il est intéressant de faire remarquer que cette fragmentation épistémologique entre plusieurs interprétations de la fonction d'onde est un processus en pleine expansion. La liste des interprétations possibles n'est pas close. D'autres ont été proposées et d'autres encore le seront dans les prochaines années. Des expériences seront réalisées afin d'élucider les processus sous-jacents dont l'explication est impliquée par ces interprétations, ce qui confirme le schéma anti-holiste. Dans la mesure où les constructions théoriques développées pour expliquer la nature de la fonction d'onde ne correspondent à aucune autre construction théorique de la mécanique quantique et *a fortiori* de la physique classique et que certaines caractéristiques de ces constructions sont continuellement remises en cause par d'autres constructions (par exemple, certaines interprétations de la fonction d'onde remettent en cause la réduction du paquet d'onde qui est au cœur de la théorie de Copenhague. D'autres critiquent la nature

---

[44] Hans Christian von Baeyer *L'étrangeté quantique, juste une impression*, Pour la Science, n°435-Janvier 214, p.34.

probabiliste de la fonction d'onde. D'autres encore ne sont pas conformes au principe de superposition des états quantiques), le schéma holiste ne peut pas résister à une telle instabilité et il revient à l'expérience de trancher entre les différentes interprétations.

Le moins que l'on puisse dire et que ces nouvelles interprétations sont parfois irréductibles les unes aux autres, ce qui donne à la fragmentation évoquée ci-dessus une dimension ontologique. Les divergences entre les physiciens portent désormais sur l'ontologie du monde physique. Les uns reconnaissent une certaine réalité à la fonction d'onde. D'autres (dont les tenants de l'école de Copenhague) y voient une simple abstraction. Afin d'illustrer cet état de fait, on peut citer trois théories en cours de construction : d'abord, il y a la théorie de la réduction spontanée qui stipule que la réduction de la fonction d'onde se produit non plus en raison d'une mesure mais de manière spontanée dans le monde physique. Chaque système quantique s'effondre pour donner lieu qu'à un seul résultat sans qu'il y ait une perturbation provoquée par l'environnement. La fonction d'onde serait donc une entité réelle.

En revanche, l'interprétation intitulée QBisme affirme que la fonction d'onde n'a pas de réalité physique[45] en arguant que les probabilités qui y sont afférentes sont inhérentes aux statistiques bayésiennes qui associent les probabilités aux croyances subjectives. Selon cette théorie, l'observateur interprète la fonction d'onde selon sa propre vision du monde. *A priori* aucune réalité n'est attachée à cette fonction d'onde. C'est uniquement grâce à un recoupement entre les informations recueillies par différents observateurs qu'une image précise du système physique est finalement acquise[46].

---

[45] Ibid, p. 32.
[46] Ibid.

Cette interprétation soulève néanmoins un certain nombre de difficultés dont la plus importante est celle-ci : si la fonction d'onde n'est que le reflet du point de vue de l'observateur, comment alors ce dernier agit sur le système quantique ? Le mécanisme par lequel, la mesure est réalisée n'est pas explicité : si la fonction d'onde est subjective, comment savoir si le photon est passé par une fente plutôt que par une autre ou les deux à la fois. Par ailleurs, cette interprétation élargi le fossé entre le monde réel et le monde mental (dit subjectif de l'observateur) puisque le monde mental prend de l'importance par rapport au monde physique réel dans l'interprétation des phénomènes quantiques. Une autre question surgit : y a-t-il une fonction d'onde réelle et physique qui puisse devenir le réceptacle de la fonction d'onde subjective ? Cette interprétation ne donne aucune réponse à ce sujet. Par ailleurs, l'apparente résolution de certains paradoxes de la mécanique quantique comme celui du chat de Schrödinger se fait au prix d'une radicalisation de la vision probabiliste en continuité avec l'interprétation de Bohr (école de Copenhague) et d'une abstraction plus accentuée du monde quantique.

Ce genre de difficultés a incité certains physiciens[47] à revenir à une conception réaliste de la fonction d'onde en s'appuyant sur l'une des prévisions de la mécanique quantique : l'intrication. Selon eux, l'intrication agit lorsque deux particules sont liées. Or, si le modèle statistique de la fonction d'onde est le plus pertinent, alors toutes les particules seraient corrélées même si elles ne sont pas liées au départ. Une telle conséquence est difficilement acceptable étant donné les observations réalisées sur les états quantiques.

---

[47] Parmi les équipes travaillant sur ce sujet, il y a l'équipe dirigée par Matthieu Pusey de l'Imperial College de Londres.

En dépit des critiques dont cette théorie a fait l'objet, elle s'avère la plus prometteuse étant donné le souhait des physiciens à observer la fonction d'onde. Plusieurs expériences ont été d'ailleurs réalisées dans ce sens[48]. Ainsi, l'expérience et son corollaire l'expérience perceptive auront le dernier mot sur la question de l'interprétation de la fonction d'onde. Celle-ci sera réelle et objective, ou elle ne sera pas.

Le deuxième type de fragmentation des concepts de la mécanique quantique est lié au fait que la liste complète de ses postulats n'est pas précise. Un noyau dur s'est formé durant les années 1920 grâce aux travaux de Bohr, de Heisenberg, de Jordan et de Pauli et comprend la non-commutativité des matrices de Heisenberg, le principe d'indétermination du même physicien, la mécanique ondulatoire de Louis de Broglie et de Schrödinger, les principes de complémentarité et de correspondance de Bohr. Mais il existe d'autres postulats qui se situent en dehors de cet édifice qu'il est très difficile d'occulter comme le principe de superposition, la mesure quantique et la réduction du paquet d'onde, l'indiscernabilité entre les particules, l'intrication quantique et bien sûr la fonction d'onde. On peut également y ajouter la théorie déterministe de Böhm, les inégalités de Bell ou le théorème de Von Newman.

Il n'est pas facile de mettre de l'ordre dans tous ces concepts et de dire ce qui relève du statut de principe, de loi ou d'entité physique tout simplement. La mécanique

---

[48] Selon un article paru dans la revue Nature Physics, des chercheurs français, du Cnrs et du Commissariat à l'énergie atomique, sont parvenus à observer les fonctions d'ondes des électrons de la molécule de diazote (N2). Cette observation a été réalisée grâce à une analyse tomographique du rayonnement X émis par des molécules excitées par une impulsion laser intense. Ces physiciens ont réussi à observer la fonction d'onde des électrons, 1500 attosecondes après son mouvement.

quantique nous a habitués à cette image fragmentée qu'il est difficile d'unifier.

On a déjà vu que les interprétations de la fonction d'onde ne cohabitent pas de la même manière avec tous ces concepts. Mais ce qui plus important encore, l'expérimentation s'attaque parfois à certains postulats, ce qui accentue la fragmentation. De cette manière, la mécanique quantique obéit à un schéma anti-holiste dont la conséquence la plus importante est l'affranchissement épistémologique de l'expérience de toutes les constructions théoriques qui ont été citées.

Non seulement, l'expérience a mis fin à la théorie des variables cachées d'Einstein (d'Alain Aspect), mais en plus elle risque d'ébranler certains postulats orthodoxes de la mécanique quantique. A titre d'illustration, une expérience réalisée par Afshar contredit le principe de complémentarité de Bohr puisque elle révèle l'aspect ondulatoire et l'aspect corpusculaire en même temps. L'aspect ondulatoire de la lumière est détecté lorsque le faisceau lumineux utilisé dans cette expérience passe à travers des fils métalliques tandis que l'aspect corpusculaire est mis en évidence lorsqu'il est focalisé par une lentille ajustée dans un photo-détecteur. D'ailleurs, ce principe a été critiqué par certains physiciens dont le plus illustre est Heisenberg dans ses dernières années. Selon ce dernier, ce principe a entraîné le recours fréquent à un langage ambigu et l'utilisation de concepts classiques qui sont antagonistes quand ils sont juxtaposés dans l'interprétation de la mécanique quantique[49]. Le même genre de difficultés existent pour le principe de correspondance dont la définition est la suivante : les lois de la mécanique quantique correspondent aux lois de la mécanique classique au niveau macroscopique (c'est-à-

[49] Selleri *Le grand débat de la théorie quantique*, traduction de Françoise et Philippe Guéret, Flammarion, 1994, p. 192.

dire lorsque un nombre infiniment grand de particules entrent en jeu dans les expériences). Il suffit de voir pour bien remarquer les limites de ce principe, l'étude toute récente de phénomènes purement quantiques à l'échelle macroscopique comme la supraconductivité, la superfluidité ou l'intrication à l'échelle macroscopique.

Ces phénomènes qui ont été manipulés à l'échelle expérimentale démontrent que la théorie quantique s'applique dans le monde macroscopique à condition que les expériences mettent en évidence ces phénomènes de manière suffisamment ingénieuse. Ce qui reflète encore plus la fragmentation épistémologique des concepts de la mécanique quantique, est l'affaiblissement progressif du théorème de Von Newman qui est beaucoup plus mathématique que physique et qui a représenté une fausse assurance pour les tenants de l'école de Copenhague sur la complétude de la mécanique quantique (doctrine selon laquelle il n'existe rien qui prouve que dans le monde physique, il y a des variables cachées que la théorie quantique la plus consensuelle aujourd'hui, c'est-à-dire celle de l'école de Copenhague, n'a pas prévu).

Des modèles mathématico-physiques existent et démontrent que le théorème de Von Newmann bien qu'il soit mathématiquement valide n'interdit nullement de compléter la mécanique quantique par des théories à variables cachées[50]. Par ailleurs, des théories comme celle de Böhm introduit une variable : « le potentiel quantique » qui est susceptible d'expliquer des phénomènes considérés jusqu'alors comme non-causaux. De toutes les manières, ce théorème ne suscite plus le même intérêt chez les physiciens et la fragmentation épistémologique de la mécanique quantique est appelée à s'accentuer davantage à l'avenir.

---

[50] Ibid.

De cette manière, la mécanique quantique représente un point de rupture dans l'histoire de la physique qui empêche de lier un tel domaine avec le reste des vastes domaines de la physique à l'instar de la mécanique newtonienne, la thermodynamique ou l'électromagnétisme. Cette réalité démontre que s'il existe une unité de la physique, celle-ci n'obéit nullement au schéma holiste.

L'association de la théorie de la relativité restreinte d'Albert Einstein à la mécanique quantique présente d'énormes difficultés à l'heure actuelle et l'une des conséquences des nombreuses tentatives de fusion entre ces deux théories est la résurgence de nombreuses incertitudes sur la nature ontologique de l'entité quantique : cette entité physique est-elle une particule ou un champ ? La réponse est loin d'être évidente et les physiciens ainsi que les philosophes s'efforcent de trouver des modèles en s'inspirant des nouvelles approches philosophiques pour réponde à cette question. Ainsi, le schéma anti-holiste a été accentué en physique de l'infiniment petit. Dans la mécanique quantique des champs qui est un résultat de cette fusion, les entités quantiques ne possèdent pas de trajectoires spatio-temporelles précises en raison des relations d'indétermination de Heisenberg[51]. Ces entités n'ont pas, par ailleurs, de moment cinétique précis. Selon ces relations, un système subit des fluctuations quantiques qui limitent la précision avec laquelle on détermine la valeur d'une grandeur comme la position d'une particule. L'image d'une particule quantique la plus récente que nous donne la mécanique quantique des champs et celle d'un nuage dont la taille correspond à celle de l'atome[52].

---

[51] M. Kuhlmann *Particules et champs sont-ils réels ?* Pour la Science, octobre 2013, no.432. p.78.
[52] Ibid.

Ce nuage est une représentation de la fonction d'onde qui est une fonction de la position et du temps dont le carré du module détermine la probabilité de trouver la particule en un endroit précis. Dans la mécanique quantique des champs, la localisation des entités quantiques dépend du point de vue de l'observateur. Supposons qu'une particule soit localisée dans un endroit précis, un observateur en mouvement observe cette particule comme étant diluée sur l'Univers entier. Cet état de fait remet en cause la notion de localisation.

Le cas du vide quantique est également un obstacle à la notion de particule. Un vide est par définition un état à zéro particule. Mais la théorie quantique des champs prédit qu'un détecteur placé dans le vide enregistre quand même une activité. L'état du vide $|O>$ est l'énergie de base d'un état[53]. C'est la valeur la plus minimale et la plus faible de l'opérateur de l'énergie. Il est déjà important de savoir que selon la mécanique quantique non-relativiste, l'état de base, c'est-à-dire l'oscillateur harmonique n'est pas zéro, contrairement à son analogue en mécanique classique[54]. Une autre propriété frappante du vide en théorie quantique des champs est ce qu'on nomme l'effet Unruh[55]. L'observateur en mouvement uniformément accéléré observera un bain de particules chaud à une température déterminée[56].

Si la notion de particule n'est pas adaptée à la description physique d'une entité quantique, la notion de champ est considérée dès lors par certains physiciens comme une alternative ontologique valable. Les incertitudes du concept de particule incitent à considérer les

---

[53] Kuhlmann M. *Quantum Field Theory*, Stanford Encyclopedia of Philosophy. Première publication en juin 2006

[54] Ibid.

[55] Ibid.

[56] Op. cit. Kuhlmann *Particules et champs sont-ils réels ?*

entités quantiques comme des vibrations d'un champ qui se manifestent directement dans l'espace physique. Mais un champ quantique est vraiment différent d'un champ classique : chaque point de l'espace-temps représenté pour ce champ ne correspond nullement à une grandeur physique réelle comme c'est le cas du champ classique mais il est intégré dans un concept mathématique abstrait qui ne reflète que la mesure réalisée et non un résultat physique déterminé.

Voyons les choses un peu plus dans le détail : le passage de la notion de champ classique à la notion de champ quantique exige l'utilisation d'un opérateur d'un champ quantique pour lequel des relations canoniques de commutation sont valables. A chaque grandeur mesurable, il y a en principe un opérateur qu'on appelle hermitien. Cet opérateur qui dépend de l'espace et du temps est une opération qui transforme une fonction φ (x) en une autre fonction f(x). Toutefois, un champ quantique fait correspondre à chaque point de l'espace-temps non pas une quantité physique mais une entité mathématique abstraite qui représente la mesure que l'on peut effectuer. Ce type de mesure est le résultat de la combinaison entre un opérateur (une entité mathématique variant dans l'espace et dans le temps) et une autre entité mathématique, le vecteur d'état décrivant le système quantique[57]. Pour obtenir l'énergie pour un état quantique on doit appliquer l'opérateur au vecteur d'état qui représente sa configuration d'ensemble pour calculer les valeurs moyennes des mesures effectuées sur le système. La seule ressemblance qui existe entre le champ classique et le champ quantique est l'attribution des valeurs des champs aux points de l'espace-temps. Ces valeurs sont des nombres réels dans le cas d'un champ classique. Ils sont

---

[57] Ibid.

des opérateurs dans le cas d'un champ quantique. Or, les opérateurs ne permettent pas de visualiser un phénomène physique comme une onde se propageant dans l'espace et ne désignent pas des quantités physiques bien définies, d'où la difficulté d'interpréter la notion classique de champ dans le cadre de la mécanique quantique des champs et de la représenter en une entité physique réelle.

Teller (1995) a affirmé à ce propos que le concept de champ quantique est une « perversion » du concept de champ classique étant donné qu'aucune valeur physique n'est assignée aux points de l'espace-temps du champ quantique[58]. Les opérateurs du champ quantique représentent toutes les valeurs possibles.

Il n'y a, selon lui, que l'attribution de valeurs définies aux observables du champ dans tous les points de l'espace-temps qui peut être considérée comme décrivant un champ physique réel[59].

Même la toute dernière proposition, très débattue actuellement, et qui voit dans l'état du système de champ quantique une superposition de configurations du champ classique (approche des fonctions d'onde de Hugget (2003), Halvorson et Müger (2007), Baker (2009) et Lupher (2010)) n'a suscité que peu d'intérêt en raison du fait que les arguments utilisés à l'encontre de l'interprétation des particules sont exploitables pour remettre en cause l'interprétation des champs[60]. Celle-ci ne parvient pas à consolider la notion de champ quantique en raison de l'équivalence mathématique entre l'espace de la fonction d'onde (valable pour le champ quantique) et l'espace de Fock (valable pour la notion de particule). Cette équivalence signifie la généralisation à cette nouvelle

---

[58] Ibid.
[59] Ibid.
[60] Ibid.

interprétation de la notion de champ de tous les arguments utilisés à l'encontre de la notion de particule[61].

De cette manière, la correspondance entre les constructions de la mécanique quantique et les concepts de la théorie de la relativité restreinte si elle n'est pas rompue, est devenue la source d'énormes difficultés ontologiques qui sont autant d'obstacles entravant le schéma holiste. L'expérience dans un sens empirique n'est pas affectée par le schéma anti-holiste en physique. Bien au contraire, c'est l'enseignement tiré de l'expérimentation qui nous permet de vérifier la validité des concepts et des principes au-delà du schéma holiste et de la thèse Quine-Duhem. Dans un livre très avant-gardiste, Franco Selleri affirme « Plus de cinquante années de long débat sur la nature du dualisme onde-particule et sur la séparabilité des systèmes quantiques vont probablement être profondément modifiées par la nouvelle situation expérimentale[62]. » Il ajoute « La mécanique quantique n'est pas « philosophiquement neutre », (les guillemets sont du texte) en ce sens que sa structure mathématique interne conduit à des prévisions expérimentales qui sont en contradiction, d'une manière observable, avec des prévisions très simples et très générales d'origine philosophique[63]. » De cette manière, des expériences nouvelles vont permettre de faire des prédictions différentes qui n'ont pas été prévues par les théories antérieures[64].

Deux remarques rapides sont suscitées par de telles conclusions : les nouvelles situations expérimentales possèdent une valeur inductive et épistémologique. Par ailleurs, la contradiction entre les prévisions expérimentales engendrées par la structure mathématique de la

---

[61] Op. cit. Kuhlmann, *Quantum Field Theory.*
[62] Op. Cit. Franco Selleri, p. 253.
[63] Ibid, p. 191.
[64] Ibid.

mécanique quantique et certains principes philosophiques est de nature à empêcher toute correspondance entre les concepts et les lois de la mécanique quantique et certaines de nos plus puissantes théories philosophiques. De cette manière, le grand schéma holiste qui établit une correspondance entre les plus petits concepts de la physique et les plus grands systèmes philosophiques (comme ceux de Leibniz, de Hegel pour les plus anciens et celui d'Heidegger et de Husserl pour les plus récents) est également remis en cause.

L'expérience comme référence privilégiée des théories du Modèle Standard de la physique des particules

Poursuivant notre critique de l'holisme en s'attaquant cette fois aux plus sophistiquées tentatives de fusion entre la mécanique quantique et les théories dites classiques (plutôt réalistes) comme l'électrodynamique, la théorie de la relativité restreinte et la théorie de la relativité générale afin de montrer toutes les difficultés que suscitent le schéma holiste ou ultra-holiste qui n'est que le résultat, d'une part, de la propension toute métaphysique à unifier les différents domaines du savoir scientifique et, d'autre part, d'une démarche philosophique en vue de relativiser et d'affaiblir le rôle inductif et l'autonomie épistémologique de l'expérimentation en faveur d'une théorisation à outrance des systèmes physiques.

Malgré le fait que l'électrodynamique quantique (QED) représente un progrès décisif en physique de l'infiniment petit en raison de la fusion qu'elle implique entre la théorie de la relativité restreinte et la mécanique quantique, de l'approfondissement qu'elle permet des théories des champs ainsi que l'élaboration d'une interprétation ingénieuse du champ électromagnétique comme un phénomène purement quantique, elle ne peut être exploitée en faveur du schéma holiste.

Le succès de cette théorie n'a été possible que grâce à une renormalisation mathématique qui permet d'éliminer les infinis qui sont le résultat inévitable de cette théorie et qui sont contradictoires avec les observations.

La raison de cette aberration mathématique est liée au secret le plus profond de cette théorie physique : un électron n'est pas une particule individualisée et parfaitement identifiable pour un observateur comme une bille ou une boule de billard. Il est entouré d'une myriade de particules virtuelles qui attribuent aux propriétés physiques de l'électron (masse, charge) des valeurs infinies. Les physiciens ne sont parvenus à s'en débarrasser que grâce à une subtilité mathématique en plus d'une certitude expérimentale. Dès lors que l'expérience permet de connaître la valeur des propriétés physiques de l'électron, les infinis qui sont le produit des équations de la théorie sont éliminés mathématiquement[65]. Dans ce cas de figure, le schéma holiste n'a plus aucune raison d'être.

L'expérience est la seule référence de la théorie et l'appareil mathématique s'aligne sur la mesure observationnelle connue. Cette situation considérée par les physiciens dans les années quarante, durant lesquelles la théorie (QED) a été élaborée, comme inconfortable[66], conforte le schéma anti-holiste ainsi que la portée épistémologique de l'expérience.

En l'absence des observations expérimentales, l'électrodynamique quantique serait au point mort et la normalisation ne serait qu'une subtilité mathématique qui

---

[65] Les infinis sont en fait supprimés des équations en divisant un infini par un autre.

[66] Il n'existe pas de consensus entre les physiciens sur la validité physico-mathématique de cette re-normalisation. Certains comme Dirac considèrent cette astuce comme non intelligente, d'autres y voient le résultat d'une sorte de prééminence des modèles mathématiques en physique quantique.

ne remplace aucunement l'expérience. Il ne peut y avoir dans ce cas aucune correspondance entre cette théorie et les concepts traditionnels de la mécanique quantique en raison du dilemme représenté par le problème des infinis.

Toutefois, cette théorie nous offre une description physique satisfaisante de la force électromagnétique : deux électrons s'échangent un photon qui est émis par le premier électron puis absorbé par le deuxième sans violation de la loi de conservation de l'énergie puisque cet échange est virtuel se produisant sur une échelle de temps très courte.

Cet échange de photons est bien représenté dans les schémas inventés par le physicien Feynman. On peut néanmoins considérer cette idée de l'échange virtuel de photons comme une construction théorique qui servira par la suite aux autres théories comme la chromodynamique quantique et la théorie électrofaible puisque la force forte qui maintient les quarks qui sont les constituants ultimes des protons et des neutrons échangent des gluons virtuels. A partir de l'électrodynamique quantique, l'idée de vecteurs de force véhiculés par des particules appelés « bosons » fait son chemin et rencontre un grand succès. Désormais les bosons deviennent les vecteurs de force. Là, une construction théorique se généralise à toutes les théories traitant des forces de la nature. Mais cette généralisation n'est pas vraiment de nature holiste puisque l'expérience devient le seul recours pour éviter le risque que l'électrodynamique quantique qui est la théorie de référence soit une construction théorique vide et dénuée d'intérêt en fournissant des valeurs précises de la masse et de la charge de l'électron et en masquant l'influence du nuage de photons virtuels qui l'entoure.

Mais si l'idée de l'échange « bosonique » entre particules a été un point d'ancrage solide pour les théories du modèle standard, il n'en demeure pas moins vrai que le problème des infinis et la nécessité d'une re- normalisation refont à chaque fois surface et à chaque fois l'expérience est la référence. Par ailleurs, de nouveaux concepts théoriques ont été inventés comme les concepts de « saveur », de « couleur », de « charme » et d'« étrangeté » et il n'est pas possible de les rapprocher de concepts théoriques antérieurs. Ces concepts ont été inventés pour tenir compte des observations expérimentales et non des exigences logiques de la théorie comme le confinement des quarks à l'intérieur des protons et des neutrons. Le proton est composé de deux quarks « u » et d'un quark « d », tandis que le neutron contient deux quarks « d » et un quark « u ». Le u et le d représentent les saveurs de quarks.

Par ailleurs, les quarks ont des couleurs : le rouge, le vert et le bleu comme pour les couleurs de la lumière visible bien qu'aucun rapprochement de nature perceptive ne puisse être établi avec les couleurs de la lumière visible[67].

La combinaison entre les trois couleurs des quarks aboutit à l'absence de couleurs pour le proton et le neutron dès lors que les quarks sont confinés à l'intérieur de ces deux particules composites. Par conséquent, les couleurs des quarks ne sont pas observables. La couleur joue un grand rôle dans les interactions entre les quarks à l'intérieur du proton et du neutron. Un quark rouge peut devenir un quark bleu en émettant un gluon virtuel de couleur composite rouge-bleu[68]. Les gluons ont cette particularité de confiner les quarks et de les rendre inobservables étant donné qu'ils échangent les couleurs entre les quarks pour rendre les protons et les neutrons « blancs », c'est-à-dire dénués de couleurs. La force de couleur ne faiblit pas lorsque les quarks sont éloignés les uns des autres et elle confine les quarks entre eux.

---

[67] Murray Gell-Mann *Le quark et le jaguar* Traduit de l'américain par Gilles Minot, Flammarion, Paris, 1997, p.205.

[68] Ibid, p.207.

La théorie qui explique ces phénomènes est appelée chromodynamique quantique. Malgré le caractère novateur de ses concepts, l'existence des quarks a été confirmée expérimentalement grâce aux travaux d'une équipe composée de Dick Taylor, Henry Kendall et Jerry Friedman qui ont consisté à bombarder les protons par des électrons à haute énergie.

On voit très bien que ces concepts théoriques de couleur et de saveur ne peuvent être rapprochés d'aucun concept antérieur. Contrairement à certaines idées reçues, la chromodynamique quantique est foncièrement différente de l'électrodynamique quantique malgré l'existence dans les deux théories d'un même processus d'émission et d'absorption de particules-vecteurs virtuelles par les particules électriquement chargés et les quarks. Les vecteurs de la force électromagnétique (les photons virtuels) ne sont pas électriquement chargés, tandis que les vecteurs de la force de couleur (les gluons virtuels) sont colorés. Les conséquences mathématiques de cette différence sont considérables et le confinement des quarks fait partie de ces conséquences.

L'absence de données expérimentales est un obstacle aux théories sur la gravité quantique

Tournons-nous maintenant vers la gravité quantique pour remarquer que non seulement les concepts y afférant sont peu intuitifs, mais également anti-holistes par excellence.

Ils ne peuvent être rapprochés d'aucun concept théorique antérieur. L'une des premières difficultés soulevées par les recherches sur la gravité quantique est le fait que la théorie de la relativité générale est une théorie des champs qui admet l'existence d'une infinité de configurations pour la géométrie de l'espace. Cette difficulté rappelle le problème des infinis de l'électrodynamique quantique. Par ailleurs, la première théorie des ondes gravitationnelles d'intensité faible développées par les premiers physiciens de la mécanique quantique a été vite abandonnée en raison du fait que les particules hypothétiques des ondes gravitationnelles (gravitons) sont censées interagir avec d'autres particules d'ondes gravitationnelles, tandis que les photons ne sont pas électriquement chargés et n'interagissent pas avec les électrons[69].

Par conséquent, l'expérience réussie de l'électrodynamique quantique n'a pas été renouvelée avec la gravité quantique. Le concept de graviton bien qu'hypothétique ne peut être rapproché d'aucun autre concept de vecteur de force connu et il ne fonctionne que dans le cas d'ondes gravitationnelles faibles.

Pendant une quarantaine d'années, aucun résultat décisif ne fut atteint pour deux raisons principales : aucune expérience n'a permis de trancher entre les différentes théories. Par ailleurs, le concept de graviton n'est valable que dans un cadre théorique limité qui ne s'adapte pas à une théorie aussi fondamentale que la théorie de la relativité générale (les ondes gravitationnelles faibles sont des ondes qui ne transforment pas l'espace dans lequel elles se propagent). Il ne peut être lié à aucune théorie aussi récente soit-elle. Le problème principal avec les gravitons est qu'ils interagissent entre eux, ce qui soulève le problème des infinis[70]. Les physiciens ont alors changé complètement de stratégie : au lieu d'explorer la nature des ondes gravitationnelles et d'étudier quelles peuvent être les particules quantiques qui composent ces ondes, ils ont commencé à voir comment les phénomènes quantiques

---

[69] Lee Smolin *The Trouble with physics*, Houghton Mifflin Company, Boston, New York, 2007, p. 85.
[70] Ibid.

se comportent dans un champ gravitationnel assez puissant pour créer des singularités dans l'espace-temps[71]. Mais on peut dire d'emblée que cette démarche est une voie désespérée car elle marque un renoncement à la quantification du champ gravitationnel.

Bien qu'elle amorce le début d'une recherche féconde sur les trous noirs, elle ne peut aboutir à aucune théorie cohérente et testable expérimentalement sur la gravité quantique. L'un des résultats théoriques les plus aboutis et qui n'a pas été vérifié sur le plan expérimental, est la théorie de l'évaporation des trous noir par suite de l'action de la puissante gravité de cette entité astrophysique sur les fluctuations quantiques. Mais la théorie de l'évaporation du trou noir (c'est-à-dire la transformation de sa masse en rayonnement) contredit le principe de la conservation de l'information quantique[72].

La théorie de la supergravité ou super-symétrie malgré la densité des recherches qui se sont lancées autour ne représente pas non plus un progrès majeur dans l'unification des deux piliers de la physique. Cette théorie qui cohabite assez bien avec un ensemble de recherches organisées autour de la théorie des super-cordes repose sur l'étude de dimensions assez nombreuses (jusqu'à 26 dimensions) de l'infiniment petit et elle est confrontée à deux difficultés dirimantes : elle ne cohabite pas assez bien avec les postulats de la mécanique quantique et elle ne peut être testée expérimentalement.

Les recherches théoriques dans ces domaines difficiles de la physique ont débouché sur une impasse et reflètent deux réalités épistémologiques majeurs : l'holisme en physique est condamné. On ne peut remonter de concepts anciens aux concepts nouveaux. La science physique progresse par « induction transcendante », c'est-à-dire par

---

[71] Ibid, p. 89.
[72] Ibid, p.91.

l'innovation de concepts révolutionnaires qui ont peu de rapport avec les théories contemporaines. Mais un tel progrès ne peut être reconnu que grâce à des preuves expérimentales. Ces preuves se déploient selon un schéma anti-holiste par excellence : un concept théorique ou une hypothèse confirmée par une donnée ou un ensemble très cohérent et compact de données empiriques.

Les limites de l'expérience de pensée : dernier avatar de la supériorité de la théorie sur l'expérience

Notre analyse des relations entre théorie et expérience a permis d'apporter un éclairage sur le rôle singulier, inductif et cognitif de l'expérience en le distinguant nettement de l'apport logique de la théorie. L'expérience a une vie et un champ propre qui lui permettent de se démarquer de la théorie.

Les conséquences de cette situation sont nombreuses : parmi celles qui sont les plus importantes, il y a la pertinence de la notion d'expérience cruciale : dans l'histoire de la physique, les expériences cruciales sont des catalyseurs puissants des découvertes scientifiques. Une autre conséquence importante est le dévoilement du mythe de l'holisme qui est un corollaire de la relation métaphysique entre la théorie et l'expérience. Il y a bien une unité de la science et une certaine harmonie entre les théories elles-mêmes et entre les théories et les expériences. Mais les concepts et les hypothèses théoriques sont confrontés directement et mises à l'épreuve de données empiriques précises. En l'absence d'une telle confrontation directe, la science deviendra une simple et stérile spéculation métaphysique.

L'holisme est le pire ennemi de l'individualisation d'une réalité expérimentale distincte de la théorie. Sa remise en cause a permis de mettre en évidence toute la richesse cognitive et inductive de l'expérience. Une fois ces conséquences déterminées, nous pouvons obtenir une définition précise de l'expérience scientifique. La dernière conséquence est le rôle épistémologique déterminant de l'expérience perceptive.

Certains philosophes appartenant à la tradition, ont tenté de remettre en cause la perception comme fondement des expériences scientifiques. Nous avons montré que dans les développements les plus significatifs de la physique quantique, le rôle de l'expérience perceptive a été dévalué. Mais on a vu qu'elle a continué à jouer un rôle fondationnel dans les expérimentations tout au long de l'ère de la physique quantique. A chaque fois, que son rôle s'affaiblit, la physique entre en crise et la résolution de cette crise passe par un retour improvisé à l'expérience perceptive. La crise actuelle de la théorie des cordes n'est pas uniquement due à l'absence d'expériences cruciales mais également au fossé qui existe entre les concepts de cette théorie et l'expérience perceptive.

Il n'est pas facile de percevoir des entités en 11 dimensions et c'est un obstacle à la formation des concepts ou des hypothèses. Il faudrait concevoir plutôt des entités perceptibles en trois dimensions comme ce fut le cas en physique relativiste et en théorie quantique qui ont abouti à la création des deux piliers de la physique moderne.

Un renouveau de l'intérêt pour les entités physiques perceptibles serait bénéfique pour la science à condition de comprendre toute la richesse épistémologique de l'expérience perceptible[73]. Cependant, un tel renouveau

[73] La théorie des twistors de Roger Penrose est une indication pour cette voie sans toutefois affirmer que cette théorie est satisfaisante sur le plan physique. Nous constatons juste un retour improvisé et non encore mûr aux concepts intuitifs sur le plan perceptif.

fait face à de nombreux obstacles dont le plus redoutable est la « mystification » de nature métaphysique de la relation entre la théorie et l'expérience dont le dernier prolongement philosophique est la thèse Quine-Duhem.

Afin de comprendre l'enjeu d'une telle « mystification métaphysique », il faudrait comprendre une dernière critique formulée contre l'unité cognitive et épistémologique de l'expérience : dès lors que la théorie est une pure création de l'esprit humain, l'expérience réelle est progressivement remplacée par des expériences de pensée. Il est vrai que dans la trame de l'évolution de la science physique, des expériences de pensée ont été élaborées et ont joué un grand rôle dans la formulation d'hypothèses théoriques. Dans son exposé de ses théories de la relativité restreinte et même générale, Einstein a recouru à des expériences de pensée (comme celles des signaux lumineux qui permettent de simuler le fonctionnement d'horloges placées dans des vaisseaux imaginaires).

Heisenberg a bien expliqué son principe d'indétermination par l'expérience du microscope imaginaire permettant d'observer des électrons. Une célèbre expérience de pensée a été proposée par Einstein, Podolsky et Rosen dans un article datant de 1935 afin de montrer que la théorie quantique est incomplète[74] (paradoxe EPR). Bien que ces expériences n'aient jamais été réalisées sur le terrain expérimental, il n'en demeure pas moins vrai qu'un certain consensus entre philosophes rationalistes s'est progressivement formé sur le fait que ce genre d'expériences se rapproche des expérimentations scientifiques réelles.

De cette manière, l'activité théorique sous-jacente à ces expériences de pensée est censée remplacer l'activité perceptive de l'expérience réelle. Toutefois, il est bien

---

[74] Op. Cit. Anouk Barberousse, p. 31.

évident que l'expérience de pensée ne remplace pas du tout l'expérience réelle que nous appelons « expérience perceptive ». D'abord, il convient de préciser un fait trompeur : on attribue à l'expérience de pensée, des processus scientifiques qui ne sont pas du tout réels.

En fait, l'expérience de pensée ne parvient jamais à vérifier les résultats empiriques d'une hypothèse théorique. Ce rôle est dévolu à une expérience scientifique réelle. Dans l'exemple du microscope de Heisenberg, on cherche à montrer que les photons empêchent de détecter la position précise des électrons. Cette situation est définie d'emblée à titre démonstratif et il n'y a aucune conséquence concrète attendue d'une hypothèse théorique à vérifier.

Concernant l'expérience EPR, elle n'est qu'une hypothèse et elle a été vérifiée en s'appuyant sur un théorème supplémentaire (inégalités de Bell) grâce à une expérience réelle : c'est l'expérience d'Alain Aspect réalisée en 1982 qui a permis de réfuter l'hypothèse EPR.

Par conséquent, celle-ci n'est pas vraiment une expérience. Elle n'est que la continuation de la théorie et c'est une activité théorique. Elle ne peut par conséquent remplacer l'expérience sensible et empirique qui possède toutes les caractéristiques d'une expérimentation scientifique satisfaisante. On voit déjà ici le véritable rôle de l'expérience de pensée. C'est un rôle théorique par excellence qui n'est pas du tout empirique et qui est subordonné à la théorie dont il est une composante immanente. Par ailleurs, il y a une différence notable entre l'expérience de pensée et l'expérience sensible qui empêche de voir la première comme une expérience scientifique réelle.

Cette différence est liée au résultat logique d'une expérience : tandis que l'expérience de pensée n'est jamais négative (c'est-à-dire qu'elle ne réfute jamais la théorie qui l'a précède), l'expérience réelle est soit négative, soit positive. On n'est pas censé connaître son résultat *a priori.*

L'expérience de pensée peut également revêtir un autre rôle qui est de résumer un grand nombre d'expériences très difficiles à comprendre en l'absence d'une telle généralisation qui prend la forme d'un résumé d'expériences sensibles.

Quand Feynman rédigea ses cours de physique, et notamment le volume consacré à la mécanique quantique, il avait commencé par l'explication d'une expérience connue comme celle qui donne la meilleure description du cadre conceptuel de la mécanique quantique : l'« expérience du passage des électrons à travers des fentes ».

Feynman décrit son expérience comme étant beaucoup plus une expérience approximative et de pensée qu'une expérience réelle, et il dit explicitement : « [...]. L'expérience n'a jamais été faite de cette façon. La difficulté vient de ce que l'appareil devait être réalisé à une échelle incroyablement petite pour montrer les effets qui nous intéressent. Nous sommes en train de faire une “expérience de pensée” que nous avons choisie parce qu'elle permet un raisonnement facile[75]. » Alors quelle raison y a-t-il de croire à cette expérience ? Avec toutes les réserves dues au mot « croire ». En réalité, Feynman n'essaie pas de déformer la réalité du phénomène observé, mais de résumer un nombre considérable d'expériences où les échelles ont été choisies conformément aux phénomènes observés. Quel lien y aurait-il entre cette multitude d'expériences où les échelles ont été choisies conformément aux phénomènes observés et l'expérience de pensée de Feynman ? Une réponse peut s'imposer d'elle-même : l'induction.

---

[75] Op. Cit. Feynman, p. 6.

Une expérience de pensée n'est donc pas une expérience réelle et ce qui lui manque précisément c'est quelque chose qui est de même nature que cet élément qui n'existe pas dans une activité théorique : l'activité perceptive.

Même si cette activité est trop complexe et difficile à définir[76], l'expérience perceptive est au cœur de l'expérimentation moderne. Cette situation n'a pas été suffisamment mise en évidence en raison du caractère vague et indéterminé de l'expérience de pensée. On fait et comme on l'a remarqué, il y a plusieurs types d'expériences de pensée : il y a d'abord l'expérience de pensée purement théorique qui permet de visualiser et de modéliser une démonstration de ce que la théorie souhaite expliquer. C'est dans cette catégorie, qu'on peut inclure les expériences de pensée d'Einstein et de Heisenberg mais également celle de Bohr qui figurent en bonne place dans les célèbres controverses avec Einstein.

Il y a ensuite, l'expérience de pensée qui est en fait une hypothèse théorique à tester expérimentalement. On peut voir le paradoxe EPR comme un exemple-type de ce genre d'expériences de pensée. A cet égard, il faudrait comprendre la nuance de taille qui existe entre ce type d'expérience et l'expérience réelle. C'est une hypothèse à tester expérimentalement. L'expérience réelle est celle d'Alain Aspect qui a démontré que le paradoxe EPR n'avait aucune raison d'exister. Enfin, il y a l'expérience-résumé : c'est-à-dire celle qui résume un grand nombre de tests empiriques. C'est une image approximative de ce que sont les expériences réelles qui ne peuvent être réalisées de la manière décrite par l'expérience de pensée en raison des échelles et des dimensions trop petites des entités expérimentées ou d'autres difficultés d'ordre technique.

---

[76] Un travail d'explicitation de cet aspect dépasse de loin l'objectif de ce livre.

A la lumière de cette longue analyse, nous avons démontré que l'expérience possède un champ épistémologique propre et distinct de la théorie. Le but de cette analyse n'est pas tant de remettre en cause la théorie mais de montrer que l'expérience possède une qualité inductive et qu'elle permet de confirmer ou d'infirmer la théorie en relativisant toutes les idées sur l'holisme et la dépendance de l'expérience vis-à-vis de la théorie.

Elle a permis également de réhabiliter la notion d'expérience cruciale ainsi que la conception empirique de la science. La physique permet de nous donner une image du monde physique et de le représenter à travers des théories de plus en plus sophistiquées. Mais c'est l'expérimentation qui permet de nous fournir les preuves nécessaires sur lesquelles est basée notre connaissance.

L'expérience joue un rôle décisif et multidimensionnel : elle permet de tester les théories et de fournir les bases de la connaissance scientifique en donnant les preuves de l'existence d'entités inobservables postulées par les théories. Un des résultats dérivés de cette fonction est de déterminer si une théorie est fausse. Par ailleurs, il arrive que l'expérience révèle l'existence d'un nouveau phénomène qui nécessite une explication[77].

Faire des expériences sur des entités et la détermination/mesure de leurs propriétés ont permis de renforcer la conviction sur leur existence factuelle.

Par exemple, les expériences de J.J.Thomson sur les rayons cathodiques en 1897 ont été considérées comme décisives pour la découverte des électrons. Les historiens des sciences ont rappelé que Thomson n'a pas travaillé sur la base d'une théorie nouvelle sur des particules électroniques qui serait sous-jacente à ses expériences. L'objectif de ses expériences a été clairement énoncé dans

---

[77] *Experiment in Physics* First published Mon Oct 5, 1998; substantive revision Tue Jun 19, 2012. Stanford Encyclopedia of Philosophy.

l'introduction de son article de 1897 : obtenir des informations sur la nature des rayons cathodiques en partant de la théorie en vogue à l'époque qui évoque des processus qui se déroulent dans l'éther. Au lieu qu'ils soient un phénomène éthéré, les rayons cathodiques sont purement matériels et révèlent l'existence de particules de matière chargée d'électricité négative dans la mesure où elles sont déviées par un champ magnétique dans le sens qui montre que la charge de ses particules est négative.

Thomson a effectué ensuite d'autres expériences qui ont permis de déterminer les propriétés physiques de ces particules. Par exemple, il a calculé le rapport entre la charge et la masse des rayons cathodiques. Son dispositif expérimental comprend un champ magnétique pouvant être créé perpendiculairement à la fois au champ électrique et à la trajectoire des rayons cathodiques. En utilisant cette méthode, Thomson a trouvé une valeur de m/e de (1,29 ± 0,17) x 10-7. Cette valeur est indépendante à la fois du gaz dans le tube et du métal de la cathode, ce qui indique que les particules sont les constituants de toutes les substances. Ces expériences ont été réalisées dans un contexte scientifique marqué par une incertitude théorique, voire l'absence d'un cadrage théorique satisfaisant.

Ainsi, l'expérience a une nature propre indépendante de la théorie. Mais ceci n'est qu'un exemple général parmi d'autres du rôle que joue l'expérience. Parfois les expérimentations s'éloignent ostensiblement des théories de manière à les bouleverser de manière radicale, réfutant certaines puis donnant naissance à de nouvelles théories. Les phénomènes pour lesquels certaines expériences ont été réalisées possédaient une nature obscure que les physiciens ne parvenaient pas à élucider. Un exemple est révélateur : l'expérience de Stern-Gerlach était considérée comme cruciale au moment où elle a été réalisée. Après une légère modification, son résultat a été confirmé.

L'expérience de Stern-Gerlach fournit la preuve de l'existence du spin de l'électron. Ces résultats expérimentaux ont été publiés en 1922, bien que l'idée de spin de l'électron n'ait pas été proposée par Goudsmit et Uhlenbeck jusqu'en 1925. On pourrait dire que le spin des électrons a été découvert expérimentalement avant qu'il ne soit conceptualisé[78].

Il existe bien sûr des cas où les expériences sont réalisées parallèlement au développement théorique et dont les résultats empiriques sont comparés systématiquement aux théories. Mais il est indubitable que l'expérimentation possède une nature propre qui la distingue de la théorie physique.

La sous-détermination des théories par l'expérience n'est -pas une assertion décisive

Certains philosophes cherchent à relativiser le caractère décisif de l'expérience cruciale en affirmant que des doutes peuvent persister à l'égard de l'existence d'une théorie qui ne concorde pas avec l'expérience. Il est nécessaire de préciser que le débat controversé sur la question de l'insuffisance ou de la suffisance de l'expérience a des racines profondes en philosophie et il est lié à la métaphysique des sciences.

En fait, la sous-détermination des théories par l'expérience n'est pas uniquement liée à l'holisme, une question largement examinée dans les pages précédentes. Elle se réfère également au problème métaphysique de la réalité.

La question du réalisme scientifique s'articule autour de plusieurs affirmations de nature métaphysique. La

[78] Experiment in Physics. *First published Mon Oct 5, 1998; substantive revision Tue Oct 8, 2002. Stanford* Encyclopedia of Philosophy.

première concerne le monde : l'existence et la constitution de la nature sont indépendantes des théories scientifiques. Il n'y a aucun lien entre l'existence de la nature et l'existence des théories scientifiques[79]. En fait, selon cette affirmation, les théories scientifiques ne provoquent pas l'existence du monde[80]. En second lieu, le monde détermine le fait que nos théories sont soit vraies soient fausses.

La troisième affirmation peut se présenter comme suit : l'expérience est en mesure de nous dire laquelle des théories nous permettent un accès véridique à la nature, c'est-à-dire, une connaissance scientifique suffisante[81].

Cette affirmation a été remise en cause par Duhem et Quine. Selon ces derniers, on peut obtenir plusieurs théories qui concordent avec l'expérience pour un ensemble de faits empiriques.

Néanmoins, la thèse de la sous-détermination des théories par l'expérience n'exclut pas qu'il puisse y avoir qu'une seule théorie qui soit vérifiée et qu'en cas de nouvelles données de l'expérience qui soient en conflit avec une théorie établie, il puisse y avoir qu'une seule manière correcte d'adapter la théorie à l'expérience. Par ailleurs, les trois propositions énoncées en haut convergent vers la question du réalisme. Or, la physique moderne n'est pas entièrement conforme au réalisme. Les postulats de la mécanique quantique nous enseignent qu'il n'est pas aisé d'affirmer quoi que ce soit sur la réalité des entités quantiques et ce, comme il a été déjà remarqué lorsqu'on a abordé la question de l'holisme. Dès lors, que l'objectif de bâtir un réalisme scientifique est abandonné, la thèse de la sous-détermination n'a aucune raison d'être. Peu importe

---

[79] Barberousse Anouk, BONNAY Denis § COZIC Mikaël (Sous la dir.) *Précis de Philosophie des Sciences*, Vuibert (octobre 2011), p.142.
[80] Ibid.
[81] Ibid.

le nombre de théories scientifiques qui reflètent la réalité des objets physiques, il ne peut exister qu'un seul ensemble de données empiriques qui confirment une hypothèse théorique déterminée.

Ce processus se déroule à l'intérieur du « microcosme » de la relation entre la théorie et l'expérience et n'a rien à voir avec le réalisme. D'ailleurs, le réalisme est relativisé par l'induction pessimiste. La science contient des théories qui ont réussi sur le plan empirique. Il est donc naturel qu'on puisse affirmer qu'elles sont vraies. Mais l'histoire de la science nous apprend également que des efforts conceptuels similaires ont abouti à des théories fausses.

Aucune discipline scientifique n'est immunisée contre les risques du changement. Beaucoup de théories dans le passé qui ont été reconnues comme vraies et qui ont formé un pilier du monde scientifique de l'époque se sont révélées comme erronées. La théorie calorifique de la chaleur était considérée comme très satisfaisante au 18ème siècle. Elle n'est plus regardée aujourd'hui que comme approximativement vraie.

Il est impossible de voir que la théorie qui nous dit que la chaleur est une substance fluide soit une approximation de la théorie qui stipule que le phénomène de la chaleur est le résultat du mouvement des molécules. Si cette dernière théorie est vraie, alors la première est complètement erronée. Il en est de même pour des théories comme celles de l'éther ou de l'espace et du temps absolus qui ont été remises en cause par la théorie de la relativité restreinte.

Le rejet de théories qui décrivent les entités et phénomènes physiques a amené les philosophes à considérer l'évolution de la science comme reflétant une « discontinuité ». Karl Popper a montré que l'expérience est orientée beaucoup plus vers la réfutation que vers la confirmation des théories dans la mesure où l'expérience porte sur des termes théoriques qui sont testables donc réfutables. Cette philosophie est donc conforme à la thèse de l'induction pessimiste. Les expériences sont réalisées beaucoup plus selon le schéma de la discontinuité de la science que dans le sens de la continuité.

Là, le terrain philosophique est très glissant puisque le rôle de l'expérience a suscité un débat entre les philosophes depuis des temps anciens. Chaque doctrine philosophique a sa propre vision de l'expérience. Avant les travaux de Ian Hacking et de tous les philosophes modernes de l'expérience, les grands philosophes considéraient que la science repose beaucoup plus sur la théorie que sur l'expérience. Ce même Popper affirmait de manière plus radicale encore que la théorie commande le travail expérimental.

Thomas Kuhn et Bas van Fraassen ont perpétué cette vision. Ian Hacking qui est le meilleur défenseur de l'expérience a rappelé une déclaration étonnante de Bas van Fraassen qui reflète toute la philosophie théorique ou à proprement parler : la philosophie du tout-théorique de son temps.

Ce dernier affirme dans son ouvrage l'*Image scientifique* que « l'expérience c'est la continuation de la théorie par d'autres moyens[82] ». En fait, la philosophie du tout-théorique a marqué toute une période historique de l'histoire de la philosophie. Le moment est donc venu de retracer un peu les différents courants philosophiques qui ont abordé l'expérience.

---

[82] *Les philosophes de l'expérience* (*Philosophers of Experiment*) Ian Hacking, Traduction de Marc Lenormand et Anthony Manicki, p, 67-82. Revue tracés, revue de Sciences humaines, 2005.

II.

La nouvelle philosophie expérimentale : la longue route vers la manipulation des entités physiques

Les différents courants philosophiques : la longue évolution vers une philosophie de l'expérience basée sur la manipulation

Il serait fastidieux d'évoquer tous les travaux des philosophes qui ont abordé l'expérience ou l'expérimentation. Nous allons nous limiter à quelques-uns en suivant un schéma précis. En fait la vision des philosophes sur l'expérience a évolué en trois étapes principales : la première étape a été marquée par le courant empiriste qui a consacré la prééminence de la méthode expérimentale dans l'Europe du XVIIe siècle au moment où la science moderne est apparue. Avec les travaux de Newton, la science atteint son apogée et ce grand scientifique reste attaché à la méthode expérimentale. Après cette période, le rôle de l'expérience n'a pas été remis en cause mais les connaissances philosophiques sur ce rôle se sont diluées et elles ont été oubliées avec le développement de nouveaux domaines scientifiques comme l'électromagnétisme et la thermodynamique. Il faut préciser également que la philosophie transcendantale de Kant a joué un rôle négatif pour la philosophie expérimentale en développant des catégories de pensée qui permettent de passer du caractère disparate et « subjectif » de l'expérience perceptive à l'objectivation nécessaire pour établir les jugements analytiques et synthétiques de l'entendement pur.

Après cette philosophie de Kant, une deuxième période historique commence qui attribue à la théorie un rôle crucial pour la science. C'est le début de la philosophie théorique ou du tout-théorique. Le courant de pensée qui reflète le plus cette période est l'empirisme logique du Cercle de Vienne. Ce mouvement philosophique dominant a entraîné l'émergence d'idées nouvelles qui ont considérablement affecté les connaissances philosophiques sur l'expérience.

Trois noms ont marqué cette période : Pierre Duhem, Rudolf Carnap et Willard Van Orman Quine. Les principales attaques contre l'expérimentalisme sont apparues avec eux : la sous-détermination des théories par l'expérience, l'holisme et la thèse Duhem-Quine. Mais étant donné notre longue critique de l'holisme dans les pages précédentes, nous allons dans ce chapitre nous limiter à des aspects généraux liés à la philosophie anti-expérimentale du Cercle de Vienne sans évoquer les travaux de Duhem.

L'un des penseurs qui ont marqué la période post-Cercle de Vienne, Karl Popper, reste influencé par les idées anti-expérimentales du Cercle de Vienne mais il ouvre, sans se rendre compte, une nouvelle voie à une renaissance de la philosophie expérimentale durant la période contemporaine. D'ailleurs, ses travaux reflètent un véritable paradoxe philosophique et une certaine dissidence vis-à-vis du Cercle de Vienne. Il reste, d'une part, fidèle aux fortes croyances sur la prééminence épistémologique de la théorie au détriment de l'expérience mais si on analyse, d'autre part, minutieusement sa doctrine de la testabilité, on s'aperçoit qu'il préconise une méthode déductive qui conduit à l'inévitable vérification expérimentale. En fait, la différence entre la philosophie expérimentale de l'Age classique et la nouvelle philosophie expérimentale de la fin du XXe siècle amorcée par Popper s'explique de la manière suivante : tandis que la première se situe en amont de la science suivant un schéma vertical : l'expérience alimente la théorie, la deuxième se situe en aval de la science en partant de la théorie vers l'expérience suivant un schéma déductif. C'est pour cette raison que nous allons procéder à une petite analyse de ce paradoxe philosophique en tentant de révéler la véritable nature déductive de la méthode de Popper mais aussi ses faiblesses philosophiques et logiques.

Après cette philosophie déductiviste de Popper, l'émergence du réalisme des entités, une philosophie basée sur des convictions spécifiques sur la réalité des entités physiques ainsi que sur le développement de nouvelles méthodes expérimentales permettant la manipulation de ces entités et la création de nouveaux phénomènes ont fait leur apparition et ont marqué la période contemporaine qui s'inscrit ainsi sous le signe de l'expérimentalisme.

La philosophie empiriste ancienne : Bacon, Mersenne et d'Alembert

C'est dans le *Novum Organum* de Francis Bacon que la méthode expérimentale ancienne a été élaborée et a marqué l'âge classique de la science. Cet ouvrage représente également un point de rupture avec la pensée aristotélicienne basée sur la méthode syllogistique qui est devenue d'une certaine manière le plus grand obstacle à la science moderne.

Il faut préciser que l'origine de la science est étroitement liée à un problème de nature méthodologique : si les anciens Grecs n'étaient pas totalement dépourvus de science, ils se sont appuyés dans leur recherche scientifique, soit sur une théorisation excessive inspirée de Platon avec une importance accordée aux mathématiques, soit sur une méthode déductive inventée par Aristote. Euclide et Apollonios sont les grands noms de la première école de pensée et même les modèles astronomiques de Ptolémée et d'astronomes révolutionnaires comme Aristarque de Samos et Héraclide du Pont répondaient à deux exigences : sauver les phénomènes, c'est-à-dire les mouvements des corps célestes par des méthodes géométriques. L'autre courant de pensée méthodologique adoptée par les Grecs est celle d'Aristote qui a développé une méthode déductive et analytique basée sur les syllogismes. La méthode aristotélicienne a été rafistolée et largement utilisée par les Arabes.

Mais la science moderne n'a émergé que grâce à un « renversement » de l'« ordre méthodologique » : au lieu de se contenter de méthodologies purement mathématiques ou logiques qui mènent à une régression à l'infini, les penseurs occidentaux depuis Bacon ont opté de manière révolutionnaire pour l'établissement d'un lien entre les théories et les faits, entre les théories et l'expérience. Une théorie est une simple spéculation si elle n'est pas testée et « falsifiée » par l'expérience. Le point d'ancrage de la méthode expérimentale se situe vraiment dans la relation entre la théorie et l'expérience, peu importe la nature qu'on attribue à cette relation ou à ses résultats. C'est par rapport à cette relation que la supériorité des modernes sur les anciens s'affirme. Il existe certes des courants de pensée aussi différents que les philosophies qui leur sont sous-jacentes. On a par exemple, ceux qui placent ce lien très important sous le signe de l'induction. C'est le cas de Francis Bacon pour la période ancienne. A l'époque moderne, c'est Rudolf Carnap qui fait figure de proue dans ce domaine. Par contre, il y a ceux qui regardent cette relation d'un point de vue purement déductif. C'est le cas de Karl Popper pour ne citer que le plus moderne.

Le plus important dans la méthode expérimentale, c'est l'exploration de la preuve expérimentale pour tester la théorie. Bacon inaugure l'ère de la méthode expérimentale basée sur l'induction.

Toutefois, ses arguments perdent leur importance puisque sa définition de l'induction est peu précise et sa qualification des données sensorielles est non seulement prématurée mas dénuée de fondement en qualifiant les témoignages des sens comme l'« idole de la tribu ». Pour ne donner qu'un exemple de l'importance des données sensorielles pour la science, il suffit de lire l'*Aufbau* de Carnap et on a vu dans les pages précédentes toute la richesse épistémologique de l'expérience perceptive.

L'induction de Bacon est vraiment approximative et insuffisante puisqu'elle est basée sur la détermination des situations dans lequel se trouve le phénomène et sur la comparaison entre ces situations alors que la véritable méthode expérimentale exploite d'abord les données empiriques pour établir ensuite des théories et chercher la concordance entre les hypothèses théoriques et les données expérimentales. D'ailleurs, Popper a démontré de manière brillante la difficulté de fonder l'induction. Bacon associe l'induction à l'identification des formes que sont les configurations qui permettent de désigner les phénomènes naturels. Grâce à cette association, une généralisation des idées devient, selon lui, possible et donne naissance à de nouvelles vérités. Malgré cet aspect approximatif et peu précis du processus permettant l'élaboration des idées scientifiques et son recours vague à l'induction, Bacon a consacré l'expérience comme le fondement de la connaissance humaine et comme la source de nouvelles vérités sur la science. Il n'a pas également sous-estimé le rôle joué par la déduction qui permet la falsification des théories scientifiques.

C'est d'Alembert qui a véritablement tenté un approfondissement de nos connaissances sur la nature de l'expérience scientifique et une explication satisfaisante du point de rupture avec la pensée ancienne des Grecs. On doit à d'Alembert la distinction entre l'observation qui est une simple accumulation de faits empiriques et l'*expérimentation*[83]. L'observation était connue chez les Grecs dans le cadre de la pratique de la médecine hippocratique et l'astronomie. Par contre ce qui est nouveau dans la science moderne, c'est l'expérience qui est un travail actif d'interrogation de la nature permettant d'isoler les phénomènes pertinents qu'il faut étudier scientifiquement.

Mais contrairement à Bacon qui nous éloigne du pouvoir des sens pour élaborer prématurément une méthode inductive dont la définition et assez superficielle, d'Alembert évoque un simple perfectionnement et approfondissement des sens[84]. Les données sensorielles disposent d'un pouvoir cognitif indispensable aux théories scientifiques mais elles doivent être présentées de manière claire et approfondie : un microscope agrandit les entités observées afin de distinguer des détails qui ont toute leur importance. Un télescope permet de projeter l'observation visuelle sur des objets célestes lointains[85]. C'est pour cette raison que d'Alembert parle dans un *article à l'Encyclopédie* de phénomènes de la nature qui font l'objet

---

[83] *L'Expérience* (sous la dir. de Laurent Perreau), Librairie Philosophique I. Vrin, Paris 2010 p.13.
[84] Ibid, p.14.
[85] Ibid.

d'un examen approfondi et analytique. Avec d'Alembert, l'expérience se réconcilie avec les données empiriques en lui conférant un pouvoir d'exemplification qui permet de voir des effets invisibles et de restituer aux phénomènes leur intégrité objective. L'expérience comporte une dimension active qui étend l'observation à un champ d'investigation aux possibilités infinies. Mais il manque à toute cette démonstration un *substratum* important : l'approfondissement de l'expérience perceptive gagne à être décisif grâce à la certitude des mathématiques. Ce sont les mathématiques qui confèrent aux phénomènes disséqués et analysés la qualité d'objets quantitatifs soumis à une vérification rigoureuse.

Mersenne inaugure cette association heureuse entre expérience et mathématiques qui a atteint son apogée avec Isaac Newton. Mersenne qualifie cette association de détermination méthodologique et définitive de la méthode expérimentale[86]. S'il y a bien une nouvelle méthode, c'est grâce à un degré de certitude qui ne s'obtient que grâce à la précision et à la symbolisation des données empiriques et sensorielles. Cette certitude n'est possible qu'avec la géométrie, science grecque par excellence. Mersenne ne prétend aucunement à une restauration téléologique de la théorisation, de la philosophie grecque qui débouche vers une métaphysique stérile.

Il cherche seulement à faire bénéficier les faits d'expérience de la précision et de l'abstraction des mathématiques qui sont les seuls à conférer aux objets d'expérience une dématérialisation nécessaire en vue de bâtir des théories générales et prédictives[87].

Pour Mersenne, la relation entre la théorie et l'expérience qui est une découverte de Francis Bacon est de nature mathématique. Nous pouvons nous arrêter ici

---

[86] Ibid, p.35.
[87] Ibid. p. 32.

afin d'entamer une description rapide de la révolution newtonienne étant donné que celle-ci n'est qu'une conséquence historique de ce mouvement empirique qui a débuté avec Bacon pour finir avec Mersenne et d'Alembert.

Toutefois, il convient de rappeler une chose importante : l'empirisme de l'âge classique a eu le mérite de bâtir une méthode expérimentale dont la particularité révolutionnaire est l'établissement d'un lien entre la théorie et l'expérience. Nous retiendrons de cette relation, une leçon importante : c'est la possibilité d'établir un rapprochement épistémologique entre des concepts ou hypothèses représentatives de la théorie et des données empiriques basées sur l'expérience perceptive. Cette conclusion a été expliquée en détail dans les chapitres précédents et elle ne va pas au-delà de l'établissement d'un lien entre la théorie et l'expérience qui est au cœur de la révolution méthodologique de l'âge classique de la science. Elle ne remet aucunement en cause une quelconque approche philosophique sur le rôle joué par tel ou tel courant de pensée.

Parmi ces courants de pensée qui tentent de percer la nature profonde de ce lien, il y a celui d'Alistair Crombie qui considère que la science moderne est née grâce à une révolution méthodologique permettant de comprendre la relation entre la théorie et l'expérience comme une relation quantitative et non qualitative.

Il maintient également les conclusions des empiristes sur l'importance de la falsification et de la testabilité des théories en leur ajoutant l'importance accordée à la simplification de phénomènes complexes et en rappelant les avantages du rasoir d'Ockham. Le travail de Crombie est la meilleure continuation de l'empirisme ancien.

Il y a un autre courant de pensée qui restitue la relation entre la théorie et l'expérience dans un processus marqué par un regain d'intérêt pour le platonisme et par la mathématisation de la physique. Il rejoint d'une manière plus approfondie, la philosophie de Mersenne. On voit bien que les courants de pensée qui ont abordé la relation entre la théorie et l'expérience sont assez divers. Toutefois, personne ne remet en cause le passage des théories aux expériences pour établir des vérités scientifiques nouvelles. Même la révolution newtonienne n'échappe pas à cette règle.

La philosophie expérimentale d'Isaac Newton

Malgré les citations très connues de Newton faisant référence à sa véritable méthode expérimentale qui s'éloigne ostensiblement de l'élaboration d'hypothèses théoriques considérées comme le résultat d'un exercice purement métaphysique, ou liées à un dessein occulte, la philosophie expérimentale de Newton est restée tout de même confinée à l'intérieur du schéma anti-holiste de la relation entre la théorie et l'expérience. Cette citation de Newton apparait comme dénuée de toute imprécision : « [...] les hypothèses, soit métaphysiques, soit physiques, soit mécaniques, soit celles des qualités occultes, ne doivent pas être reçues dans la philosophie expérimentale[88] ».

Mais à y regarder de près, on remarque que la notion d'hypothèse se heurte chez Newton à une imprécision dans la définition. Alexandre Koyré a bien fait remarquer qu'une série d'hypothèses existe bel est bien dans le corpus des textes de Newton (comme les *Principia*, l'Optique et le Scholium generale) qui revêtent une importance scientifique et épistémologique dans l'œuvre

[88] Isaac Newton *Principes mathématiques de la philosophie naturelle* traduction de feue Madame la Marquise du Chastellet, Paris, 1756, t. II, p.179.

newtonienne mais qui portent des noms divers[89]. Tantôt, Newton appelle ces hypothèses des règles et tantôt des propositions. Mais en fait se sont des règles méthodologiques. Le plus important est que ces règles correspondent à des faits qui résument les observations astronomiques par exemple. Ainsi dans les *Principia*, les règles V et IX reflètent un lien avec les observations astronomiques consignées par Copernic. Elles s'énoncent comme suit « *Les satellites de Jupiter suivent dans leur mouvement autour de Jupiter la seconde loi de Kepler* ». « *Les cinq planètes primaires tournent autour du Soleil, et les temps périodiques de ces planètes ainsi que ceux du Soleil autour de la Terre (ou de la Terre autour du Soleil), sont liées à leur distance moyenne au Soleil par la troisième loi de Kepler*[90]. » Nous trouvons également un genre d'hypothèses qui se rapprochent du principe d'Ockham que Crombie considère comme un principe de base de la méthode expérimentale moderne :

La règle I des *Principia* s'énonce comme suit « *On ne doit pas admettre plus de causes des choses naturelles que celles qui sont à la fois vraies et suffisantes pour l'explication de leur phénomène, car la nature est simple et n'est pas prodigue en causes superflues*[91]. »

La règle II est un corollaire à la première est s'énonce comme suit : « *C'est pourquoi les causes [des effets naturels du même genre] sont les mêmes*[92]. »

Ces règles structurent notre examen des données empiriques comme celles des observations astronomiques de Copernic ou de Tycho Brahé ainsi que des autres phénomènes de la nature comme l'optique en vue d'une vérification de la théorie ou de l'hypothèse théorique. En

---

[89] Alexandre Koyré *Etudes Newtoniennes* Editions Gallimard, Paris, p.56-57.
[90] Ibid.
[91] Ibid.
[92] Ibid.

fait, les applications des règles newtoniennes sont très variées et complexes (mouvements des corps célestes, physique terrestre, phénomènes optiques, les marées, physique du solide, etc.). L'unification de ces domaines porte le nom de mécanique classique newtonienne. Le lien entre l'hypothèse et les données empiriques prend une signification particulière chez Newton dans la mesure où ce lien est formel et n'implique pas, dans la plupart de ses travaux, une connaissance intime de la nature du phénomène physique.

Par exemple, l'hypothèse relative à la gravitation universelle n'implique aucune conception sur la nature sous-jacente du phénomène de la gravitation. Cette difficulté d'ordre ontologique a fait couler beaucoup d'encre mais elle est d'un intérêt particulier pour la formalisation de la relation entre la théorie et l'expérience. Cette formalisation signifie que l'hypothèse sur la gravitation s'applique à tous les phénomènes célestes par rapport à des faits empiriques précis comme l'attraction exercée par la Terre sur la Lune directement, de manière abstraite et mathématique et sans aucune référence à la nature matérielle de la force gravitationnelle. Ce type de relation est conforme au schéma anti-holiste s'agissant de la relation entre la théorie et l'expérience et ne s'embarrasse pas des liens entre le phénomène de la gravitation et des concepts antérieurs qui peuvent être de nature occulte. Newton explique comment il a pu établir des principes comme la mobilité, l'impénétrabilité et la force des phénomènes observés qui sont loin d'être des hypothèses métaphysiques.

Si on observe bien cette méthode inductive, on peut voir de près qu'en fait elle ne concerne que l'établissement d'une concordance entre un vaste ensemble de données empiriques que sont les caractéristiques de la matière et ces hypothèses très générales comme celles relatives à la mobilité : tous les corps se meuvent par l'action d'une force. Un résumé de tous les faits empiriques liés à ce mouvement représente un principe comme celui de la mobilité. Rien n'empêche de dire qu'un tel processus exige un rapprochement entre tous les faits empiriques et ce principe général. Il en est de même pour sa théorie de la lumière. Là, il a observé les données empiriques (couleurs, réfrangibilité) et à partir de là il a trouvé l'explication du spectre de la lumière qui est un mélange hétérogène de rayons colorés. Newton a vraisemblablement réussi à parcourir la relation entre la théorie et l'expérience dans plusieurs sens à la fois, ce qui explique les succès de la méthode newtonienne.

A partir de la philosophie expérimentale newtonienne et la domination épistémologique de la mécanique classique, le statut philosophique de l'expérience n'a pas vraiment évolué durant la période ultérieure. Par exemple, la pensée de Kant en rapport avec l'expérience n'est pas parvenue à transcender la portée logique et épistémologique de la relation entre la théorie et l'expérience. On a vu que la physique newtonienne est basée, de manière difficile à discerner, sur cette relation. Abstraction faite des efforts de Kant en matière d'objectivation de l'expérience par des catégories *a priori*, il n'en demeure pas moins clair que Kant a reconnu à l'expérience, un rôle indissociable avec la raison. Les meilleurs exemples de cette association sont les jugements synthétiques qui sont le produit de la raison théorique ou *a priori* et des jugements portant sur des faits. Parmi les domaines où les jugements synthétiques jouent un rôle majeur dans l'œuvre kantienne, il y a les mathématiques.

Il est révélateur de considérer les concepts mathématiques comme des jugements synthétiques dans la mesure où Kant fait entrer l'expérience dans le monde fermé des sciences formelles. La philosophie de Kant est très difficile à comprendre, en particulier concernant les jugements synthétiques *a priori ou a posteriori* qui ont été par la suite négligés par les philosophes.

Mais il me semble, en dépit de cet abandon, que les jugements synthétiques sont le dernier témoignage de l'empirisme traditionnel de l'âge classique dont la meilleure contribution à la pensée occidentale empirique est l'établissement de la relation entre la théorie et l'expérience.

Nous pouvons considérer le travail tardif de Quine en matière de critique de l'analycité (dans un article célèbre ayant pour titre *Les deux dogmes de l'empirisme*[93]) à un moment où la philosophie analytique du Cercle de Vienne était à son apogée, comme une consolidation du programme empiriste. Le travail de Quine a été dévastateur pour la philosophie analytique qui a été le point de départ d'une remise en cause du rôle fondationnel de l'expérience dans la construction du savoir. Ce fut un moment paradoxal dans la mesure où cette philosophie était censée être basée sur une défense sans failles de l'empirisme.

La philosophie de l'empirisme logique

Cette philosophie a été marquée, en premier lieu, par un affermissement de l'analycité et du caractère formel de la logique et des mathématiques. C'est un tournant puisque cette caractéristique de la philosophie de l'empirisme logique représente une régression par rapport à la philosophie de Kant qui est basée, entre autre, sur les jugements synthétiques, c'est-à-dire sur des jugements associant les faits d'expériences et la raison.

---

[93] Willard Van Orman Quine *Two Dogmas of Empiricism,* publié dans *The Philosophical Review* (1951). Cet article a été réédité dans, *From a Logical Point of View* (Harvard University Press, 1953; second, revised, édition 1961), un ouvrage écrit par cet auteur.

Selon les empiristes logiques, ces sciences formelles ne font appel à aucune donnée de l'expérience et se manifestent uniquement par la signification des énoncés qui y sont contenues. Cette particularité est liée aux sciences du langage. Le langage à une signification propre et la philosophie du langage a connu avec ces philosophes un progrès spectaculaire. Cette nouvelle vision a eu une conséquence importante : les empiristes logiques établissent une ligne de démarcation nette entre les sciences formelles et les sciences empiriques.

De cette manière, la relation entre la théorie et l'expérience est remise en cause. Celle-ci ne peut exister que grâce aux relations multiples entre les sciences formelles et les sciences empiriques. Si ces relations sont rompues, la théorie devient un ensemble de propositions articulées sur des relations logiques et théoriques.

Les empiristes logiques insistent sur cette particularité des sciences formelles étant donné leur engouement pour le langage et pour les énoncés logiquement structurés. Un énoncé logiquement structuré est doté de signification. De ce fait, Carnap et Schlick ont accordé aux concepts formels de la physique comme l'espace et le temps, la symétrie, les constantes physiques et la causalité une autonomie conceptuelle indépendante de l'expérience[94]. Ce n'est pas l'expérience qui détermine la valeur cognitive de ces concepts et l'empirisme logique a entamé une rupture avec l'expérience de manière radicale. L'expérience ne devient plus avec cette philosophie un ensemble de données empiriques qui permettent de confirmer ou d'infirmer les propositions théoriques auxquelles elles sont rapprochées par des relations individualisées mais seulement des informations observationnelles isolées qui ne font plus le poids avec les concepts théoriques. Ces

[94] Op. Cit. *Expérience* (sous la dir de Laurent Perreau) p.137.

concepts sont non seulement formels mais sont en plus établis par un système de règles fixées par une démarche arbitraire ou conventionnelle, c'est-à-dire purement théorique.

Les informations observationnelles n'ont de signification qu'à l'aide de ces concepts théoriques qui deviennent les éléments majeurs de la science. Mais à ce niveau de la démonstration des philosophes du cercle de Vienne, on est tenté de s'interroger : comment ces derniers voient les relations entre les concepts théoriques formels et l'expérience ? A ce propos, Carnap a inventé les règles de correspondance entre les énoncés théoriques et les informations observationnelles[95]. Mais ce processus n'a pas eu le succès escompté en raison du recours tardif de Carnap à l'induction. Sa démarche est devenue par la suite très vague. Par ailleurs, ces philosophes ont eu recours au concept de vérificationnisme qui est à la base de la validation des concepts théoriques.

Là, deux groupes de philosophes se sont séparés : le premier estime que la vérification ne devient possible que si l'énoncé théorique possède une structure logique et cohérente conformément aux principes de la philosophie analytique[96]. Quant au deuxième groupe, il restitue aux données observationnelles un rôle de vérification des énoncés théoriques.

On peut remarquer ici que l'évolution tardive de la philosophie analytique a permis de reconnaître ultimement le rôle de l'expérience dans l'édification des concepts théoriques.

Un grand dissident du Cercle de Vienne, Karl Popper a mis l'accent sur cette conclusion importante en établissant une relation déductive entre les axiomes théoriques et les tests de l'expérience. Si une théorie n'est pas testée, elle

---

[95] Ibid. p.143.
[96] Ibid. p.145-146.

n'est pas scientifique. C'est un enseignement décisif qui démontre que Popper est le dernier plus grand empiriste de la longue aventure empirique qui a débuté dès l'âge classique pour se terminer dans les contradictions et les incertitudes de l'empirisme logique du Cercle de Vienne.

La philosophie déductiviste et Karl Popper : examen logique et critique

Karl Popper affirme qu'on ne peut parvenir à la vérité des théories à partir des prémisses. Selon lui, des termes comme « vérité » ne sont pas définitifs ou décisifs mais relativement à la « réfutabilité ».

Dans son livre, *Logique de la Découverte Scientifique*[97], il conclut que l'induction n'existe pas. Il est, selon lui, illusoire de croire que l'accumulation de preuves favorables à la confirmation d'une hypothèse puisse augmenter la probabilité que cette hypothèse soit « vraie ». Toute théorie, d'après lui, est confrontée au risque de la réfutation. À cet égard, il aborde le dogme expérimental sous un angle précis, celui de la « testabilité ». Selon Popper, la science se passe de l'induction parce qu'elle ne peut pas chercher des connaissances définitives et parce que l'expérience possède un pouvoir de réfutation sur toutes ces connaissances.

Un exemple est donné : une assertion « universelle » du type : « tous les corbeaux sont noirs ». Il est en fait impossible de confirmer cette assertion car il faudrait une infinité d'observations. Il suffirait, par contre, d'une seule et unique observation pour la réfuter.

Ce « faillibilisme » joue sur l'asymétrie entre vérification et réfutation (il est plus facile de réfuter que de confirmer) pour proposer une nouvelle façon de voir qui doit ainsi procéder par une suite d'éliminations

[97] Op. Cit Popper.

successives. C'est-à-dire en formulant plusieurs théories et en réfutant ensuite certaines par l'expérience.

Celles qui survivraient à ces tests, c'est-à-dire, celles qui *a priori* étaient réfutables par ces expériences et qui cependant survivent, en acquièrent une légitimité. Mais on peut en fait contourner ce mécanisme. À l'asymétrie entre vérification et réfutation (il est plus facile de réfuter que de confirmer), on propose qu'il existe des données empiriques précises et individuelles qui confirment des hypothèses théoriques.

Comme tous les autres philosophes, Popper prend la théorie comme un tout indivisible, puisque, du fait de la réfutabilité, elle ne rencontre l'expérience qu'une seule fois et de manière globale. Il suffit, par ailleurs, d'une seule expérience défavorable pour conduire au rejet corps et bien de la théorie. Contrairement à cette vision holiste, nous pensons plutôt que des hypothèses ou des axiomes sont confrontées les uns après les autres à des données empiriques précises

Cette façon de voir est importante, car Popper n'explique pas comment le processus expérimental fonctionne, bien qu'il ait conclu qu'une seule expérience défavorable est susceptible d'infirmer la théorie. Si Duhem définit la théorie fausse comme étant l'ensemble des propositions qui ne concordent pas avec les lois expérimentales[98], c'est-à-dire qu'il réduit le critère d'infirmation d'une théorie à une simple concordance entre tout un système de propositions prises comme un ensemble et les lois expérimentales, Popper reste, quant à lui, silencieux en ce qui concerne les modalités d'infirmation : est-ce un problème de concordance ? Est-ce autre chose ? Comment cette expérience unique

[98] Op, Cit. Duhem.

pourrait-elle infirmer toute une théorie ? Avons-nous des cas concrets d'un tel processus ?

Contrairement à ce qu'affirme Popper, beaucoup de théories ont été abandonnées mais non réfutées pour des considérations, pour la plupart, d'ordre esthétique, de cohérence, de contradiction avec des théories déjà solidement établies ou pour des raisons de conformisme. On ne s'étonne nullement lorsqu'on sait que toutes ces considérations « externes » sont loin de faire l'objet d'expériences.

La théorie de Théodore Franz Éduard Kaluza (1921) proposant d'ajouter à l'espace-temps quadridimensionnel une cinquième dimension afin d'unifier dans un même appareil mathématique force électromagnétique et gravitation a été « abandonnée » mais non « réfutée », alors même qu'elle était en parfaite cohérence avec la théorie de la relativité générale.

Même si Einstein avait évoqué, comme exigence supplémentaire pour la validité d'une théorie, en plus de l'expérimentation, le critère de la « perfection interne », l'on ne peut finalement que se résigner à l'idée que ce critère n'a pas fait ses preuves avec la théorie de Kaluza. Cette dernière a été, en dépit de sa cohérence mathématique, sa simplicité et sa séduisante architecture, tout de même abandonnée mais pas infirmée. Il existe un processus par lequel les théories peuvent être abandonnées mais non infirmées.

Popper part du principe que la vérité de la proposition : « tous les corbeaux sont noirs » devrait s'exprimer en termes de déductions démonstratives, car sa confirmation par l'induction ou par toutes autres choses ne nous conduirait, en fin de compte, qu'à une régression à l'infini. Ainsi que nous l'avons déjà fait remarquer, cette conclusion a conduit Popper à cette fameuse méthode déductive et démonstrative qui va des axiomes aux expériences. Cette méthode admet en principe l'asymétrie entre vérifiabilité et réfutation. Toute vérifiabilité conduit à une régression à l'infini, parce que l'accumulation de preuves en faveur de la théorie ne favorise nullement la conclusion de sa confirmation, tandis que la réfutation qui traduit l'existence de faits d'expériences négatifs devrait permettre le plus souvent de conclure à la fausseté d'une théorie. En termes logiques, tout cela n'est-il pas susceptible de nous conduire au rejet du principe du tiers exclu dans la mesure où si l'on admet les conclusions de Popper on devrait absolument énoncer que « toute théorie n'est ni vraie ni fausse avant la réfutation par faits d'expériences négatifs » ?

Il est en effet possible d'admettre un tel résultat, mais celui-ci est susceptible de ruiner la démonstration de Popper elle-même, dans la mesure où il nous est loisible de penser qu'il est toujours possible que l'axiome soit *a priori* vrai ou faux et que seule notre ignorance *a priori* au moment où on établit l'axiome qu'il puisse exister des faits d'expérience négatifs nous empêche de « trancher » la question de savoir si l'axiome est faux ou satisfaisant (en vertu d'une accumulation de preuves en sa faveur) bien qu'on puisse, dans l'absolu, supposer la théorie comme vraie ou fausse avant même de procéder aux expériences.

La base de ce raisonnement est que la vérité est une « chose prédéterminée ». Il serait illusoire de penser qu'elle est « surdéterminée » par l'expérience, et cela en faveur de trois postulats – le postulat que toute « expérimentation » prise individuellement en dehors de toute économie théorique est faillible à l'erreur – le postulat que la « vérité » de l'expérience est admise *ex-post* par rapport à la théorie (l'expérience vient souvent après la théorie) – le postulat qu'il existe toujours une expérience cruciale.

Nous réhabilitant l'existence individuelle d'expériences cruciales et non plus de « lois expérimentales » ou de méthode expérimentale. Kant pouvait parfaitement comprendre la notion d'*a priori,* et c'est pourquoi nous pouvons affirmer sans broncher que la vérité est toujours *a priori, q*ue la vérité « présumée » de l'expérience est toujours *a posteriori.* S'il existe un mérite à tirer ce genre de conclusions, c'est justement pour démontrer qu'il est pratiquement impossible d'éliminer le « raisonnement logique », celui qui prend toujours comme références la vérité et la fausseté dans l'évaluation de la relation entre la théorie et l'expérience.

Concédons néanmoins à Popper le mérite d'avoir abordé la question en faveur d'une approche déductive néoclassique. Mais il n'a pas résolu entièrement le problème de l'induction car la méthode déductive qu'il a employée, c'est-à-dire une méthode qui suggère le « passage des axiomes aux expériences » sous l'angle de la réfutation de toute théorie scientifique, ne permet pas de détruire l'induction à partir d'une critique de son fondement logique ni même d'affranchir totalement l'expérience de l'induction qui n'est possible que grâce à une démonstration sur l'homothétie complète entre une seule proposition vraie et un fait d'expérience univoque et crucial.

La deuxième grande difficulté esquissée en haut et qui renvoie au fondement logique de l'induction est une autre des grandes faiblesses de l'approche de Popper.

En effet, avant de rejeter définitivement l'induction, il est nécessaire de détruire ses fondements logiques, ce en quoi il conviendrait d'abord de voir sur quoi reposerait en fin de compte ce fameux principe d'induction : à cet effet, on peut résumer toutes les approches philosophiques et logiques de justification de ce principe sur la « nécessité causale » en tant que loi de succession des phénomènes ou faits de la nature.

Cette nécessité causale fut énoncée par beaucoup de philosophes comme Hume (ce dernier l'appelle nécessité) et Kant (qui la considère comme une catégorie *a priori* par excellence incontournable pour pouvoir considérer les objets dans l'espace et le temps).

Mais cela nous a conduit au point où nous avions laissé la philosophie de la réfutabilité de Popper développer ses contradictions : il existe des expériences cruciales qui confirment et valident des propositions vraies et univoques constituantes des théories a *contrario* de la seule expérience au moins qui pourrait l'infirmer. Il n'existe pas d'asymétrie entre réfutabilité et vérifiabilité parce qu'aucune théorie ne peut prendre le risque d'une telle instabilité. D'un autre côté, Popper ne nous éclaire pas sur ce que pourrait être cette infirmation, au-delà de ce terme instrumentaliste de « test ». Un test est un terme qui désigne beaucoup de choses (conditions de préparation de l'expérience, efficacité des instruments et des appareillages, précision de la mesure, précision de l'observation, isolement du phénomène observé, stabilité des appareils de mesure). La testabilité contient un grain de sable instrumentaliste qui ne s'accorde pas avec la logique théorique. Une théorie, c'est quelque chose de plus qu'une hypothèse testable.

Aucun chercheur n'aurait pris le risque d'aller aussi loin sans savoir à l'avance où ces recherches pourraient le mener. Il existe toujours un « réalisme » au sein des théories scientifiques, un réalisme qui permet de conjecturer sur ce que les phénomènes peuvent cacher en réalité. La proposition théorique projette sur la réalité et non seulement sur des conséquences expérimentalement testables.

Par ailleurs, nous avions compris que l'expérience est indivisible de la proposition théorique, parce que l'expérience ne peut se prémunir dans l'absolu et en toute épreuve contre l'erreur. L'erreur est un concept vis-à-vis duquel l'expérience est très fragile.

Elle est fragile face à l'« impitoyable numérologie des faits », au caractère statistique et probable des résultats expérimentaux. Popper reste donc dans un schéma purement déductif (passage des axiomes en *ex ante* aux expériences en *ex post*) assez trompeur.

Il n'existe jamais d'expériences isolées pouvant prétendre infirmer une théorie entière, car il faudrait parcourir une infinité d'expériences pouvant ne pas concorder avec elle (le silence de Popper sur le processus devant conduire à l'infirmation est révélateur de cette situation logique). En revanche, une hypothèse théorique unique peut être infirmée ou confirmée par une donnée empirique ou par un ensemble cohérent de faits empiriques.

Par ailleurs, il existe une complexité expérimentale (système d'expériences, expériences de pensée, expériences générales représentatives d'une multitude d'expériences assez nombreuses en mécanique quantique, par exemple « expérience du passage des électrons à travers des fentes de Young) qui peut se traduire par plusieurs modalités de confirmation ou d'infirmation. Nous pouvons examiner les différents problèmes épistémologiques liés à la concordance, la non-concordance, l'explication, la prédiction, la dérivation d'autres expériences ou d'autres théories et qui ne se prêtent jamais au réductionnisme de Popper quant à la seule expérience pouvant conduire à l'infirmation.

Popper devait prouver que dans chaque processus expérimental, il y a toujours déduction à partir des axiomes jusqu'aux expériences. C'est-à-dire que chaque théorie doit obéir à un schéma vertical purement déductif.

Or, pour ne prendre qu'un seul exemple, les nombreuses expériences conçues en vue de confirmer l'existence de l'éther (notamment les expériences précises de Michelson Morley) n'ont jamais pu trancher, tester (pour prendre un terme poppérien) confirmer la validité de la théorie de l'éther. Cette théorie n'était pas falsifiable puisque tous les tests étaient impuissants, aussi bien pour prouver son existence que pour la réfuter. C'est plutôt grâce à une théorie, la théorie de la relativité, que les physiciens se sont résignés à l'abandonner. Cette théorie fut abandonnée, elle fut même complètement détruite, mais seulement et exclusivement grâce à une autre théorie. Il n'y eut pas de processus déductif, ni possibilité de réfutation. Rien ne pouvait distinguer la théorie de l'éther d'une élucubration purement métaphysique insondable.

L'éther est resté durant des siècles dans un état branlant de spéculation métaphysique. Voilà un exemple vivant d'une théorie infalsifiable. En fait, la théorie de l'éther n'a été remise en cause que parce que l'expérience cruciale de Michelson Morley a permis l'élaboration de la théorie de la relativité restreinte. C'est ensuite que la théorie de l'éther a été abandonnée. Il n'y a donc pas eu de processus déductif direct passant de la théorie de l'éther à l'expérience concernée. L'expérience de Michelson-Morley se situe entre la théorie de l'éther et la théorie d'Einstein. Cette expérience possède ici un rôle plutôt inductif.

Par ailleurs, sur quelle base Popper affirme que l'induction n'existe pas ? Si on ne passe plus d'une théorie à une expérience, mais d'une théorie à une autre théorie, n'y aurait-il donc pas d'induction dans ce cas ? Cette question mérite un examen qui dépasse le cadre de ce chapitre. Rappelons, par ailleurs, que selon la réfutabilité, il est plus facile de réfuter que de confirmer. Comment alors pourrait-on apprécier à sa juste valeur l'expérience d'Alain Aspect (1982) qui mit fin au débat entre les tenants de l'école de Copenhague et les réalistes (Einstein) sur la théorie des variables cachées ?

Bien que cette expérience infirma, avec brio, la théorie des variables cachées d'Einstein, elle confirma en même temps la théorie sur l'inséparabilité quantique dont la proposition vraie est la suivante : « la mécanique quantique implique que deux particules (produit d'une désintégration d'une particule par exemple) s'éloignant dans deux directions opposées sur une ligne droite restent en contact, c'est-à-dire que le comportement de chacune est corrélé au comportement de l'autre, quelle que soit leur distance, même si elles ne sont plus reliées de manière causale ». Cette proposition contredit le principe de localité d'une particule donnée puisqu'elle ne tient pas compte de la vitesse de propagation de l'information entre les deux particules (qui ne doit pas dépasser en principe la vitesse de la lumière).

L'on remarque qu'il ne s'agit pas ici d'autres propositions vraies contenues dans la mécanique quantique (comme par exemple les propositions sur les relations d'incertitude, sur la superposition, sur les états discrets des raies spectrales du rayonnement émis par un atome excité…). Il est donc indubitable que l'expérience d'Alain Aspect, bien qu'infirmant la théorie des variables cachées (théorie alternative proposée pour tenir compte de l'inséparabilité quantique) confirma, du même coup, la proposition vraie précitée qui est constitutive de la théorie sur l'inséparabilité quantique.

Même si l'expérience d'Aspect n'est pas totalement décisive, la plupart des théoriciens pensent aujourd'hui qu'il est très improbable que ses résultats soient contredits par des expériences ultérieures. La théorie des variables cachées d'Albert Einstein semble avoir été irrémédiablement remise en cause. L'asymétrie entre réfutabilité et vérifiabilité a des limites. Il existe dans certains cas une symétrie entre réfutabilité et vérifiabilité, c'est-à-dire qu'il est possible qu'une expérience infirme et confirme, en même temps, deux théories concurrentes. Le pouvoir épistémologique de l'expérience est ainsi démontré et va-au-delà des atermoiements des philosophes sur la relation entre la théorie et l'expérience.

La nouvelle philosophie expérimentale

Dans *Empiricism and Experience*[99], Gupta affirme que l'expérience valide les concepts théoriques et représente notre principale autorité épistémique et guide[100]. Il a développé également le concept de factorisation qui stipule que toute expérience et notamment l'expérience perceptive résulte de plusieurs combinaisons de dispositions du soi dans le monde[101].

Par exemple, l'expérience visuelle provoquée par la perception d'un mur vert clair peut être obtenue en regardant un mur blanc sur lequel un feu vert brille. De cette manière, l'expérience perceptive qui est à la base de l'expérimentation bénéfice d'une richesse épistémique à un stade primaire de l'observation qui contribue de manière significative à la connaissance rationnelle[102]. Cette analyse relativise considérablement le caractère subjectif de la perception.

Loin de cette réflexion métaphysique de Gupta, l'expérimentation scientifique fait l'objet ces dernières années d'un intérêt croissant de la part des philosophes des sciences après un délaissement lamentable en faveur de la théorie. Le livre d'Ian Hacking *concevoir et expérimenter*

---

[99] Anil Gupta *Empiricism and Experience* Oxford University Press, 2006, 288 pp.
[100] Ibid. p.3.
[101] Ibid, p.6.
[102] Ibid, p.9.

dont le titre original est *representing and intervening*[103] représente un progrès décisif dans le lancement d'une réflexion renouvelée sur l'expérimentation.

Hacking a démontré que l'expérience a été sous-valorisée en faveur de la théorie alors qu'en fait elle joue un rôle décisif dans l'accroissement de nos connaissances et le renforcement de nos certitudes sur la réalité des entités physiques, surtout celles qui ne sont pas observables comme les électrons mais aussi dans l'intervention sur ces entités. Seule l'intervention est la chose crédible en science. La science transforme le monde et ne se contente pas de le découvrir.

L'expérimentalisme est une notion révolutionnaire en philosophie de l'expérience. A ce titre, le réalisme des entités de Hacking ne se situe pas en continuité avec le courant empiriste. Il le transcende et le dépasse en conférant à l'expérience un rôle majeur à travers un élargissement de l'horizon sur le rôle de la science en général.

La théorie est limitée par le pouvoir représentationnel des connaissances théoriques alors que l'expérience est interventionniste par excellence. Il affirme « Lorsque nous passons de la représentation à l'intervention, en bombardant des billes de niobium avec des positrons par exemple, l'antiréalisme a moins d'emprise […] En philosophie, le juge ultime n'est pas ce que nous pensons mais ce que nous faisons[104]. » Hacking propose un renoncement à la philosophie inductiviste et déductiviste de Carnap et de Popper. Par conséquent, ce passage de la théorie à l'expérimentation en tant qu'objet d'investigation marque un tournant en philosophie des sciences. Il opère un renversement du questionnement philosophique en remplaçant la question de la relation entre la preuve

[103] Op. cit. Hacking.
[104] Ibid, p.205.

empirique et l'hypothèse par la question suivante : comment les preuves empiriques changent nos certitudes et nos jugements[105] ?

Ceci apparaît très clairement quand on analyse l'accueil fait aux résultats des expériences du physicien allemand Henrich Hertz (1857-1894). Ce dernier est parvenu à rendre nos connaissances sur l'existence des ondes électromagnétiques plus solides en confortant la théorie de James Clerk Maxwell (1831-1879) qui unifiait dans un même ensemble conceptuel l'électricité et le magnétisme. Mais des doutes ont régné parmi un groupe de physiciens quant à la rigueur, à l'objectivité et au caractère décisif des travaux d'Hertz.

C'est finalement grâce à la répétition des expériences d'Hertz et à la reproduction de résultats similaires par les expérimentateurs que la confiance des physiciens à propos des travaux expérimentaux du physicien allemand a été définitivement acquise. Le signe annonciateur de ces avancées est l'essor de la recherche expérimentale dans le domaine des ondes électromagnétiques.

Il y a non seulement eu une consolidation des expérimentations néo-hertziennes mais également une prise de conscience sur la possibilité de manipuler les entités physiques qui étaient inobservables (ondes électromagnétiques). Par ailleurs, une culture de la preuve est née depuis cette date. Les résultats des expériences d'Hertz sont autant de preuves de l'existence de ces ondes. Hertz a été un expérimentateur de génie et c'est pour cette raison que ces expériences sont devenues des preuves de la validité de la théorie maxwellienne.

Comme l'écrivent les historiens des sciences Michel Atten et Dominique Pestre, « c'est moins de prouver l'existence des ondes (ou de les rendre visibles) *qui*

---

[105] Ibid.

convainc que de les manipuler[106]». C'est là en effet un point très important. Il existe en fait un élément à partir duquel convergent tous les mouvements de réflexion sur l'expérimentation et qui n'est autre que la *manipulation* des entités inobservables. Mais c'est une longue route qui sépare l'expérimentation et la *manipulation* des entités physiques. Nous allons le montrer dans les pages qui suivent. Pour le moment nous poursuivons la réflexion sur le changement du centre de gravité de la philosophie des sciences de la théorie vers l'expérience.

La philosophie de l'expérience s'exprime par une réflexion approfondie sur l'expérimentation, plutôt que sur la théorie et une exploration de la complexité et de la richesse de la vie expérimentale. Galison, par exemple, a attiré l'attention sur le fait que les expériences échouent dans certains cas. Le succès de l'expérimentation dépend des techniques et des possibilités technologiques abstraction faite de la structure théorique[107].

De manière plus profonde encore, le livre de Shapin (1986) *Hobbes, Boyle et l'activité expérimentale*[108] évoque l'émergence d'un style expérimental qui a pris de l'importance au détriment du raisonnement théorique.

Pickering dans un travail remarquable a poussé plus loin l'exploration de la « complexité expérimentale » en allant au-delà des concepts peu précis d'« expérience » et d'« observation ». Il propose trois niveaux : « la théorie, la phénoménologie de l'appareillage (*apparatus*) expérimental, et les instruments et les objets de l'expérience dans

---

[106] Dominique Pestre et Michel Atten, Heinrich Hertz, *L'administration de la preuve*, PUF, collection Philosophies, 2002.

[107] Peter Galison, *Ainsi s'achèvent les expériences. La place des expériences dans la physique du XXe siècle*, La Découverte, 2002. Article original : *How Experiments End*, Chicago, University of Chicago Press, 1987.

[108] Steven Shapin Leviathan and the Air-pump: Hobbes, Boyle and the Experimentale Life, Princeton University Press, 1989 - 440 pages.

leur matérialité[109] ». Ces trois niveaux peuvent évoluer de manière dynamique. Par exemple, la structure de l'appareillage peut influer sur le déroulement des expériences et déterminer le résultat de toute une recherche expérimentale dont le résultat devient ainsi irréversible[110].

Pickering est un véritable précurseur de la philosophie expérimentale dans la mesure où il a été le premier à évoquer une vie à la fois complexe, autonome et contingente de l'expérimentation. Mais il parle plus précisément de la contingence qui est un aspect important de l'évolution de l'expérience et qui devient ainsi indépendante de la théorie. Pickering donne des exemples fascinants qui montrent que la disponibilité de certains dispositifs expérimentaux a conditionné pour une large part certaines découvertes expérimentales.

Mais c'est Hacking qui redonne à l'expérimentation toutes ses lettres de noblesse. Non pas seulement en raison du rôle que joue la manipulation des entités pour percer les secrets d'autres phénomènes de la nature, mais également et surtout par rapport à la création de nouveaux phénomènes qui n'existent nulle part dans la nature.

Il est vrai que sa thèse principale est l'apport décisif du travail expérimental au réalisme scientifique. Les entités inobservables sont manipulées pour produire de nouveaux phénomènes en particulier et étudier de nouveaux aspects de la nature en général. « Ces entités sont des outils, des instruments, non pour penser mais pour faire[111] » dit-il. Nous pouvons paraphraser cette missive en disant « changer le monde. »

Toutefois, Hacking n'entend pas par création de phénomène, un fait brut et instantané. C'est plutôt un

---

[109] Op.cit. Ian Hacking, p.73.
[110] Ibid.
[111] Ibid.

processus dont il s'agit, un processus de création et d'isolement artificiel de phénomènes qui n'existent à l'état pur nulle part dans l'univers. Les phénomènes peuvent être utilisés au laboratoire, manipulés dans le cadre d'activités précises, ou transformés en un outil perfectionné pour un usage précis.

L'auteur a donné de nombreux exemples tirés de la physique et nous allons les rencontrer dans notre chemin. Il suffit juste de citer des exemples comme le laser et le circuit de Josephson pour voir de près que la création des phénomènes est devenue une activité scientifique presque banale. Le plus intéressant dans ce processus est sa nature expérimentale.

Ainsi, la vie expérimentale ou l'expérimentalisme ont évolué dans l'histoire de la science en passant par des stades de développement successifs et bien précis : à l'âge classique, il y a eu l'observation puis avec le mûrissement de la révolution scientifique à l'époque de Newton, l'expérimentation a pris une signification bien définie. Entre l'observation banale et l'expérimentation, nous pouvons distinguer l'importance de l'expérience perceptive qui est devenue le guide épistémique de l'activité scientifique : les savants devaient percevoir en trois dimensions les objets ou les entités physiques.

Si un tel type d'expérience qui ne se produit pas nécessairement dans un laboratoire et qui devient quasiment une expérience de pensée tout en restant profondément enracinée dans l'imaginaire du scientifique n'a pas été évalué à sa juste valeur c'est en raison du poids de la géométrie euclidienne dans l'histoire de la physique depuis l'âge classique jusqu'au développement de la géométrie non-euclidienne par Lobatchevski et Riemann qui permet de voir et d'étudier des objets en trois dimensions, des objets qui sont au cœur de l'expérience perceptive. Quel triomphe donné à ce type d'expérience, si on sait qu'Einstein a en découvert la cause et la nature de la gravitation en développant son concept de courbure de l'espace-temps provoqué par le champ gravitationnel.

La courbure de l'espace est un phénomène perceptible. C'est de cette manière que ce dernier est parvenu à transcender les difficultés épistémologiques de la mécanique céleste newtonienne. Le problème de la perceptibilité de la gravitation a hanté l'esprit de Newton et de ses successeurs. En fait le concept de gravitation newtonien est impossible à visualiser et il est inobservable.

Cette difficulté a empêché Newton de trouver la cause de cette force au point où il l'attribua à un esprit universel. En revanche, le tour de force d'Einstein peut être attribué à la possibilité de percevoir la courbure.

La dernière étape de l'expérimentation est marquée par la manipulation des entités physiques puis par la création de nouveaux phénomènes au profit d'une activité purement technologique ou technoscientifique. Les lasers, les masers, les réseaux Josephson, l'intrication quantique sont des exemples types. Il y a également les supraconducteurs qui sont des phénomènes physiques qui n'existent pas dans la nature et qui sont les résultats de l'ingénierie quantique.

Toutefois, Hacking étend son investigation à des domaines comme la biologie. Par exemple, des chercheurs ont réussi à implanter chez la souris une grande partie du système immunitaire humain, en réussissant ainsi à tester des médicaments et des vaccins, et de faire des investigations sur le système immunitaire « sans faire d'expériences sur des sujets humains[112] ». Cet exemple reflète la complexité de la vie expérimentale. La nature avec laquelle nous interagissons ne connaît pas de limites

[112] Ibid, p. 76.

aux découvertes et inventions possibles. C'est un processus qui est déterminé uniquement par l'expérience et non par les théories et il est imprévisible. Hacking nous rappelle cette conclusion de manière très vive :

« Une science peut suivre des chemins variés pour se développer, et créer des phénomènes complètement différents. Les phénomènes que nous créons en suivant un chemin historique possible pourraient ne pas être créés en suivant un autre chemin historique[113]. » Cette vision de la science est un plaidoyer pour la richesse et le rôle proactif de l'expérimentation scientifique par contraste avec le rôle restrictif et pré-ordonné de la théorie. Il y a des arguments épistémologiques et philosophiques très contemporains qui permettent de relativiser les préjugés des défenseurs de la théorie au détriment de l'expérience et de défendre le réalisme en partant de nouvelles bases.

Il y a d'abord la possibilité de ne retenir dans notre recherche scientifique que les entités théoriques qu'il est possible de manipuler et d'utiliser lors des expériences.

Il y a également les difficultés persistantes à connaître de la manière la plus précise possible et savoir exactement ce que signifient certains concepts théoriques de la mécanique quantique des champs, plus particulièrement les notions de particule et de champ.

Les arguments contemporains en faveur de la nouvelle philosophie expérimentale

Le réalisme des entités et la possibilité d'une manipulation expérimentale des entités physiques

La notion de discontinuité qui forme la base de l'induction pessimiste et la sous-détermination de la théorie par l'expérience ont poussé les réalistes à se

[113] Ibid, p. 78.

retrancher derrière une position philosophique nouvelle sur le réalisme. Il s'agit de ne prendre en compte que certaines composantes des théories et non l'ensemble théorique. La théorie contient des affirmations sur la nature. Il ne faudrait retenir que celles qui font l'objet d'un consensus sur leur valeur épistémologique. Les deux plus importants courants philosophiques qui se sont développés autour de cette question sont le réalisme des entités et le réalisme structural. Selon le réalisme des entités, nous avons de bonnes raisons d'admettre que les entités théoriques décrites par les théories scientifiques existent dans un monde indépendant de l'observateur humain.

Le réalisme des entités que revendique Ian Hacking affirme que c'est l'expérimentation scientifique qui permet de reconnaître l'existence des entités inobservables. Lorsque nous parvenons à manipuler ces entités dans le but d'intervenir dans d'autres phénomènes et de les utiliser comme des outils pour l'investigation scientifique par l'exploitation des propriétés causales de ces entités, alors nous pouvons affirmer sans ambigüité qu'elles sont réelles.

Nous tacherons ici d'insister sur la spécificité du réalisme des entités de Ian Hacking. Nous voulons seulement expliquer en quoi la position philosophique de Hacking est différente des autres positions sur le réalisme des entités et non les défis que doit relever le réalisme des entités en général par rapport aux attaques des antiréalistes en recourant à l'induction pessimiste et à la sous-détermination des théories par rapport aux données empiriques.

Le réalisme des entités de Hacking est la meilleure réponse contre l'induction pessimiste et la discontinuité de la science parce qu'il n'utilise pas les arguments des philosophes qui se réclament du réalisme scientifique comme la maturité de la science.

Il s'attaque au contenu des théories et ne privilégie que certaines entités théoriques lorsque nous avons de bonnes raisons d'admettre leur réalité. Les travaux de Ian Hacking s'inscrivent dans le cadre d'un courant de pensée en philosophie des sciences qui aspire à un affaiblissement de la doctrine selon laquelle les théories fournissent une description vraie de la réalité. On peut citer, à cet égard, les travaux de Cartwright (1983) et de Van Fraassen (1980)[114]. La vision de Hacking n'est pas isolée et spécifique visant simplement à justifier nos jugements sur la réalité des entités avec lesquels les expérimentateurs interagissent. Elle vise essentiellement à revigorer le débat sur l'expérimentalisme. Dans un article[115], il rappelle les limites de la philosophie de l'expérience provoquée par la prédominance des travaux des philosophes des sciences sur la théorie et le caractère timoré et peu dynamique des philosophes de l'expérience.

Ian Hacking et Carwright admettent l'existence d'« entités théoriques particulières » même s'il y a des théories (modèles) concurrentielles, voire contradictoires sur ces entités. Ces entités théoriques jouent un grand rôle pour l'expérience dans le sens où elles peuvent être manipulées. Toutefois, faire une expérience sur ces entités ne suffit pas à assurer qu'on leur reconnait une existence. C'est plutôt en les manipulant à travers l'engineering. Le bon critère qui donne de bonnes raisons d'admettre la réalité des entités est la manipulabilité[116].

Cette approche a été considérée comme l'une des tentatives les plus subtiles pour sauver ce qui reste du réalisme scientifique après les attaques redoutables des

---

[114] Alan G. Gross *Reinventing Certainty: The Significance of Ian Hacking's Realism* Source: PSA: Vol. 1990, Volume One: Contributed Papers (1990), p. 421.

[115] Op. cit. Hacking.

[116] Margaret Morisson *Theory, Intervention and Realism* 1990 Kluwer Academic Publishers. Printed in the Netherlands, p. 2.

post-positivistes comme Laudan (1984) et Fine (1986). Hacking est un réaliste mais un réaliste qui se limite exclusivement à la réalité de certaines entités lesquelles sont suffisamment solides pour résister à des changements profonds dans les théories.

En fait il y a deux types de réalisme chez Ian Hacking. Le premier concerne les entités qui sont putativement observables. Quant au deuxième réalisme, il concerne les entités qui ne peuvent en principe être observées. Concernant les entités observables, il rappelle l'exemple du microscope : quand une entité putative peut être observée grâce à une variété d'instruments qui opèrent en recourant à des moyens physiques qui ne sont pas *a priori* liés, nous avons alors de bonnes raisons de supposer que l'entité en question est réelle[117].

S'agissant des termes théoriques dénotant putativement des entités qui sont inobservables en principe. Hacking affirme que lorsque nous parvenons à manipuler d'autres parties de la nature par le moyen d'une entité dont l'existence a été considérée jusqu'alors comme conjecturale, nous sommes alors amenés à penser que cette entité est réelle[118]. Hacking affirme à ce propos : « Le travail expérimental fournit la meilleure preuve du réalisme scientifique. Non pas en raison du fait que nous testons des hypothèses concernant les entités. Mais plutôt du fait que les entités qui ne sont pas en principe « observés » sont régulièrement manipulées pour produire un nouveau phénomène et faire des expériences sur d'autres phénomènes de la nature[119]».

[117] Richard Reiner and Robert Pierson *Hacking's Experimental Realism: An Untenable Middle Ground* Source: Philosophy of Science, Vol. 62, No. 1 (Mar., 1995), p.61.
[118] Ibid. pp.61-62.
[119] Op. cit. Hacking *Representing and Intervening*. p. 262.

PEGGY II est un propulseur d'électrons polarisés utilisé pour l'étude des propriétés des courants faibles de neutrons en exploitant les propriétés causales des électrons. Hacking ici raisonne par analogie : si les électrons sont utilisés de la même manière que les centrifugeuses et les chambres de Wilson pour des buts exactement analogues, alors les électrons doivent partager le même statut ontologique que ces instruments[120].

De cette manière, il fait une distinction entre les entités inobservables qui sont réelles et celles qui sont conjecturales, ce qui permet de dresser une ligne de démarcation entre science physique et non science physique.

La science physique permet de transformer les entités inobservables conjecturales en entités inobservables réelles. L'exemple le plus frappant des entités inobservables conjecturelles sont les entités inobservables de l'astronomie comme les lentilles gravitationnelles.

Dans un article célèbre, Ian Hacking met en doute leur scientificité en raison de l'impossibilité de les transformer en entités réelles à travers l'expérimentation[121]. L'impossibilité de faire des expériences sur ces entités ne permet pas de trancher à propos de leur existence réelle. Le critère de manipulation fait ici défaut. Il n'y a que des modèles théoriques approximatifs, incertains et parfois contradictoires concernant les lentilles gravitationnelles.

Le réalisme des entités pose le problème de la référence dans un contexte marqué par l'impossibilité de donner une bonne description de l'entité en question. Hacking recours à ce qu'il appelle *home truths*, c'est-à-dire un ensemble de

---

[120] Ian Hacking consacre un chapitre entier à cet instrument scientifique dans son livre « Concevoir et Expérimenter » traduit de l'américain par Bernard DUCARET, Christian Bourgois Editeur, p.419-439.

[121] Ian Hacking *Extragalactic Reality: The Case of Gravitational Lensing* Source: Philosophy of Science, Vol. 56, No. 4 (Dec., 1989), pp. 555-581.

certitudes communes qu'on peut appeler des « généralisations de faible niveau » à propos d'une entité qui sont utilisés en conjonction avec une théorie de la référence semblable à celle proposée par Hilary Putnam[122]. Selon cette dernière, nous désignions souvent une entité tout en agissant dans les limites d'une théorie erronée. Dans les cas où nous somme en mesure d'obtenir une caractérisation précise, il sera opportun de parler d'une référence à une même chose[123].

A travers l'histoire de la physique, nous pouvons parler de théories souvent incompatibles entre elles à propos de l'électron malgré le fait que les expérimentateurs font référence à l'existence de cette particule. Ian Hacking recourt à ces « généralisations de faible niveau » concernant une entité particulière qui restent valables et constantes malgré des changements significatifs dans la théorie de l'électron. Ces généralisations sont un minimum de concepts et d'idées sont être des théories élaborées[124]. Ils concernent par exemple les propriétés causales de l'électron. Lorentz a découvert que l'électron a une charge négative. Thomson a calculé sa masse (1/800 de la masse de l'hydrogène).

Millikan a mesuré sa charge tandis que Stern et Gerlach ont révélé l'existence d'un spin ou moment angulaire comme propriété principale de l'électron. Les convictions des scientifiques concernant ces propriétés causales demeurent inchangées dans un contexte marqué par des changements importants dans l'édifice théorique concernant l'électron[125]. Par exemple, ce que Hacking appelle les « généralisations de faible niveau » survivent dans

[122] Margaret Morrison *Theory, Intervention and Realism*, Synthese 82 Janvier 1990, p. 3.
[123] Ibid.
[124] Ibid.
[125] Ibid.

l'évolution de la science et sont étroitement liées aux expériences qui permettent de déterminer des paramètres expérimentaux, c'est-à-dire des données empiriques précises alors que les théories peuvent parler de choses qui s'avèrent fausses. C'est tout le sens de la référence de Putnam. Nous pouvons en donner deux exemples :

En 1910, la théorie de l'électron de Lorentz a été formulée. Mais l'expérience de Millikan ne visait pas à déterminer l'existence des charges élémentaires mais à les mesurer. En tout cas, la valeur de la charge de l'électron ne joue aucun rôle dans la théorie de Lorentz. Ce qui montre qu'il n'y a aucun fondement théorique pour fixer cette charge.

Le deuxième exemple remonte au XIXe siècle. James Watt a utilisé les propriétés de l'eau et de la machine à vapeur en ignorant que l'eau soit un composé d'oxygène et d'hydrogène puisque il croyait à l'existence du phlogistique. En fait, Watt n'avait pas une théorie précise pour l'eau et plus particulièrement sur sa composition alors que les propriétés causales de cette substance ont été utilisées à merveille dans un contexte historique marqué par la révolution industrielle. L'engineering a une existence propre indépendamment de nos convictions théoriques. Les philosophes formulent cette situation en prônant à la fois l'antiréalisme théorique et le réalisme expérimental.

Mais Hacking ne se contente pas de ces propriétés causales même si elles sont de nature expérimentale pour affirmer quoi que se soit la réalité de l'électron. C'est seulement la manipulation des électrons en vue de révéler les secrets des autres phénomènes de la nature qui permet de prouver la réalité de l'électron. La manipulation de l'électron grâce aux instruments scientifiques comme PEGGY II est le seul critère justifiant nos croyances sur la réalité de l'électron.

En fait, la capacité des scientifiques à utiliser les électrons de manière systématique signifie que ces particules ont cessé d'être des entités inférées et hypothétiques. C'est ce qu'on appelle l'engineering et non la théorisation..

Par ailleurs, Hacking a utilisé le critère de la manipulation de manière sélective en reprenant de manière « régressive » la question de la démarcation entre science et non-science. A titre d'exemple, des domaines importants de la science comme l'astronomie perdent, selon lui, leur statut de scientificité. Hacking prône l'antiréalisme en ce qui concerne l'astronomie en déclarant que les difficultés pour prouver l'existence des lentilles gravitationnelles, des entités astrophysiques prédites par la théorie de la relativité générale et le caractère approximatif des modèles utilisés dans l'étude de ces entités ne permettent pas de croire que ces entités sont réelles.[126]

Toutefois, à la lumière des dernières recherches, il semble que les astrophysiciens suivent, sans peut être le savoir, les enseignements de cet auteur sur la manipulabilité, ce fameux critère de démarcation. En utilisant ces entités considérées jadis comme hypothétiques pour agir sur d'autres phénomènes astronomiques, ils donnent des éléments qui poussent à admettre que ces entités existent réellement. Une équipe utilisant l'instrument *Apex* (Atacama Pathfinder Experiment qui est un télescope submillimétrique situé dans le plateau de Chajnantor au Chili) a exploité un amas de galaxies pour observer l'activité stellaire dans une galaxie située à 10 milliards d'années-lumière. La brillance significative de l'objet astrophysique (surnommé SMM J2135-0102) a incité les astronomes à comprendre que la lumière de cet objet a été

---

[126] Op ; cit. Hacking *Extragalactic Reality: The Case of Gravitational Lensing.*

amplifiée par l'effet de la lentille gravitationnelle provoquée par l'amas.

Cette lentille gravitationnelle est une opportunité pour mieux étudier un astre aussi lointain[127]. A partir de cette analyse, on peut comprendre la signification exacte du réalisme de Ian Hacking en matière de manipulation. Ce critère est désormais utilisé non seulement en physique mais dans un domaine qui a fait l'objet d'une critique antiréaliste formulée par Hacking.

L'incertitude ontologique des concepts de la mécanique quantique change le centre de gravité de la physique de la théorie vers l'expérimentation

L'un des piliers de la physique moderne est la mécanique quantique des champs. Les physiciens l'ont élaborée entre la fin des années 1920 et le début des années 1950 en fusionnant la mécanique quantique et la théorie de la relativité restreinte d'Einstein. La théorie quantique des champs (QFT) fournit un cadre théorique pour la construction de modèles quantiques de systèmes que l'on décrirait classiquement par un nombre très grand ou infini de degrés de liberté, à savoir les champs et les systèmes à grand nombre de corps. Elle fournit les fondements conceptuels du modèle standard de la physique des particules qui décrit les constituants de la matière. Les physiciens s'en servent pour calculer les résultats des collisions entre particules et la synthèse des éléments au cours du Big Bang. Cette théorie est également utilisée dans l'étude de la supraconductivité et bien d'autres phénomènes physiques encore.

Par exemple, les prédictions de cette théorie pour les interactions électromagnétiques (l'électrodynamique

---

[127] *Une loupe cosmique dévoile la jeunesse d'une très lointaine galaxie*, par Jean-Baptiste Feldmann, Futura-Sciences (site internet).

quantique) sont extrêmement précises lorsqu'elles sont confrontées aux résultats expérimentaux. Malgré ses succès, la mécanique quantique des champs soulève des difficultés d'interprétation des notions de particule et de champ qui sont héritées de la physique classique.

Tout d'abord, la distinction entre les deux entités évoquées par la théorie, à savoir les particules et les champs, est artificielle au sein même du cadre conceptuel de la théorie car celle-ci associe à chaque particule un champ[128].

Par exemple, il y un champ électronique pour l'électron, un champ pour chaque quark, etc. Il y a également des particules pour chaque type de champ. Le photon est la particule associée au champ électromagnétique[129]. Ainsi, les physiciens ne sont pas tombés d'accord sur l'entité la plus fondamentale du monde quantique. Certains réclament une théorie quantique basée sur la notion de champ et d'autres revendiquent les particules comme les entités fondamentales de la théorie[130].

Il n'y a donc pas de consensus sur les notions théoriques de la mécanique quantique des champs, ce qui représente un obstacle à un développement futur de la mécanique quantique des champs, un développement qui serait marqué notamment par l'unification des forces de la nature ainsi que par une meilleure compréhension de leur nature physique.

Les notions classiques de particule et de champs ne sont pas compatibles avec la mécanique quantique des champs. Ainsi, les particules décrites par cette théorie n'ont pas les caractéristiques d'entités individualisées et localisées comme le sont les entités de la physique

---

[128] Op. cit. M. Kuhlmann *Particules et champs sont-ils réels ?* p.78.
[129] Ibid.
[130] Ibid.

classique. Elles n'ont pas de position bien définie et ne possèdent pas de trajectoire. Avant même l'unification de la mécanique quantique et de la théorie de la relativité restreinte, la notion de particule suscitait un certain nombre de difficultés théoriques. Par exemple, si la charge d'une particule classique est concentrée dans un point, une quantité infinie d'énergie est alors stockée dans cette particule étant donné que les forces de répulsion électriques deviennent infinies lorsque deux charges du même signe sont forcées de se rapprocher l'une de l'autre, ce qui confère normalement à une particule une valeur infinie[131].

La fusion entre la mécanique quantique et la théorie de la relativité restreinte a rendu la notion classique de particule encore plus problématique. Les particules sont devenues insaisissables et énigmatiques. Un groupe de physiciens dont les plus illustres sont Dirac (1928), Feynman et Weinberg (1987), et Wald (1994) a tiré un enseignement important à partir de ce constat d'échec concernant la notion de particule en réclamant une approche basée sur la notion de champ.

Mais là encore, le champ quantique n'a rien à voir avec le champ classique[132]. Tandis que le champ classique permet de visualiser des phénomènes tels la lumière comme des ondes se propageant dans l'espace, le champ quantique est une expression mathématique qui permet de calculer les probabilités des résultats d'une mesure[133].

Ces difficultés amènent les philosophes à ne plus voir le cadre conceptuel lié aux notions de particule et de champ comme pertinent pour la mécanique quantique des champs ni comme utilisable ou indispensable pour

---

[131] Op. cit Kuhlmann M. *Quantum Field Theory*, Stanford Encyclopedia of Philosophy.
[132] Ibid.
[133] Op. cit. Kuhlmann, *Particules et champs sont-ils réels ?* p.78.

l'interprétation des résultats des expériences de physique quantique.

L'une des tentatives fructueuses mais radicales pour résoudre ces difficultés est le réalisme structurel, selon lequel ce ne sont pas les objets eux-mêmes qui existent mais les relations et les propriétés. Selon cette philosophie, la connaissance directe des entités quantiques est impossible[134]. Mais ce type de réalisme n'est qu'une étape vers la reconnaissance du fait que les entités quantiques ne correspondent pas à ce que décrit la mécanique quantique des champs puisqu'il implique un renoncement à décrire les entités quantiques comme des particules ou des champs en se contentant de ne retenir que les relations entre ces entités en faisant abstraction de toute interprétation ontologique.

La difficulté de se contenter du réalisme structurel tient à ce qu'il ne permet pas d'apporter une réponse définitive au problème de la pertinence des deux options : l'une qui est basée sur la notion de particule et l'autre reposant uniquement sur la notion de champ, ce qui nous pousse à faire un choix entre trois alternatives : Dans la mesure où les concepts quantiques sont des concepts difficiles à interpréter en tenant compte des notions classiques, nous sommes obligés soit de conceptualiser différemment les objets quantiques, c'est-à-dire trouver une alternative ontologique cohérente, soit de renoncer à leur existence mais uniquement dans la théorie, soit de trouver des notions qui ont peu à voir avec les notions classiques de particule et de champ.

La seule chose dont nous sommes sûrs et que l'entité quantique est un ensemble de propriétés physiques (masse, spin, position, polarisation). Les systèmes quantiques et leurs propriétés ne sont en règle générale pas localisés en

[134] Op. cit. Kuhlmann, *Quantum Field Theory*.

des points ou en des régions arbitrairement petites de l'espace et du temps[135].

Par ailleurs, les propriétés dépendantes du temps des systèmes quantiques comme la position, l'impulsion et le spin ne sont pas des propriétés qui appartiennent à chaque système pris seul. Ces propriétés reviennent aux systèmes quantiques sous forme d'intrication de leurs états (corrélations EPR).

En outre, les systèmes quantiques ne sont pas des individus : les systèmes quantiques de la même espèce dont les états sont intriqués sont indiscernables. Il n'y a aucune propriété qui différencie un tel système des autres systèmes de la même espèce.

La mécanique quantique viole non seulement le principe de localisation mais également le principe de séparabilité. Les états des systèmes quantiques sont souvent intriqués les uns avec les autres. Au lieu de relations déterminées par des propriétés appartenant à chaque système pris seul, il n'y a que des superpositions de corrélations entre ces systèmes. Le concept classique de particule a été remis en cause par des physiciens dès les débuts de la mécanique quantique et plus récemment encore. Parmi ces physiciens, il y a Pauli, le premier Heisenberg, Tomonaga et Schwinger. Un certain nombre d'arguments physiques et philosophiques ont été soulevés.

L'incertitude concernant par exemple la localisation de la particule quantique a empiré lorsque la mécanique quantique a été fusionnée avec la théorie de la relativité restreinte.

Dans la chambre de Wilson qui est un détecteur de particules, l'un des premiers réalisés permettant la visualisation de leur trajectoire, ce que l'on voit vraiment est une succession de bulles qu'il est difficile de regrouper

---

[135] Op. cit. Kuhlmann, *Particules et champs sont-ils réels ?* p.80.

pour former une trajectoire précise[136]. Les particules quantiques ne peuvent être localisées dans aucune région de l'espace-temps aussi large soit-elle[137]. Une telle constatation semble remettre en cause le concept de trajectoire.

On a déjà vu dans les chapitres précédents les difficultés de nature physique posées par les notions de particule et de champ selon la version classique[138]. Ces difficultés ont incité un groupe de philosophes à développer des alternatives basées sur des approches nouvelles. Par exemple, une ontologie basée sur la notion d'événement[139] a été proposée.

Toutefois, durant les dernières années, des idées nouvelles et prometteuses ont été lancées autour de ce qu'on appelle le réalisme structurel. Selon cette approche, ce qui existe vraiment ce ne sont pas les particules ou les champs mais les relations et les propriétés.

Selon le réalisme structurel, ce qui compte vraiment, ce sont les relations entre les entités quantiques, abstraction faite de leur nature et de leur identité. Le réalisme structurel s'appuie sur l'enseignement tiré de nombreuses théories physiques, selon lequel la structure basée sur les relations entre les objets physiques est l'élément le plus stable de ces théories[140]. L'idée sous-jacente au réalisme structurel est la mise entre parenthèses de la nature des entités microscopiques. Le rejet de toute discussion sur la nature des entités du monde microscopique a amené certains philosophes comme Kantorovich (2003) à adopter une version platonicienne du réalisme structurel. Ce

---

[136] Ibid.

[137] Ibid.

[138] Voir pages 63 et 64.

[139] Au lieu de parler de particule ou de champ, la notion d'événement a été lancée (Auyang 1995 and Dieks 2002).

[140] Cette philosophie a été développée par un groupe d'auteurs (Roberts -2010-, Kuhlmann -2010, Kantorovich -2003-Cao -1997-, Lyre -2004-).

dernier prétend que juste après le Big bang, l'univers était dépourvu de baryons et que tout ce qui existait est la symétrie de la grande unification entendue comme structure abstraite (Kantorovich, 2003)[141].

Cette dernière approche est radicale et elle est peu reconnue parmi les spécialistes du réalisme structurel mais elle reflète très bien la portée du réalisme structurel : celui-ci est basé essentiellement sur l'idée de structure. Lyre (2004) a, soutenu que les théories de jauge en physique des particules sont des exemples-types de structures qui accréditent la thèse du réalisme structurel[142].

Les symétries sont des exemples de structures qui reflètent une certaine continuité dans le développement des théories de la physique des particules comme les théories de jauge. Une symétrie est un ensemble composé de transformations et d'éléments invariants. Le rôle heuristique et informationnel des symétries comme étant une invariance de certains éléments durant certaines transformations a amené certains philosophes à leur reconnaitre un statut ontologique dans la formulation des théories de la mécanique quantique des champs.

Le réalisme structurel a également évolué. La notion de structure a été préservée mais la notion de propriété a pris plus d'importance dans le cadre des nouvelles approches comme le réalisme structurel étendu de Lyre ou l'ontologie des tropes de Kuhlmann.

Lyre a révisé sa première version du réalisme structurel en développant un réalisme structurel étendu selon lequel les propriétés les plus importantes sont non seulement les relations structurelles mais également les propriétés

[141] Op. cit. Kuhlmann, *Quantum Field Theory.*
[142] Ibid.

intrinsèques qu'il appelle les « invariants de structures » comme la masse, le spin et la charge[143].

Kuhlmann (2010) a proposé une approche intitulée l'Ontologie des Tropes qui considère les objets quantiques comme des ensembles de propriétés. Un ensemble de propriétés reste inchangé même si les objets quantiques qu'il représente sont différents. Un ensemble de propriétés est identifié grâce aux caractéristiques d'un secteur sélectionné en physique des particules comme les différents types de charges, de masse et de spin[144].

De cette manière, le réalisme structurel dans ses versions les plus récentes accordent de plus en plus de l'importance aux propriétés comme la masse, la charge et le spin. C'est la réponse des réalistes structurels à la question suivante : si le réalisme structurel repose *in fine* sur la notion de structure et sur les relations entre les objets de la physique des particules, ces concepts demeurent tout de même énigmatiques. Si les relations entre les objets sont aussi importantes, qu'en est-il des objets eux-mêmes ? Le réalisme structurel des Tropes repose sur la notion d'un ensemble de propriétés pour affirmer quoi que ce soit sur l'identité de l'entité quantique. La notion de propriété est cruciale pour sortir de l'impasse à laquelle a abouti l'interprétation des notions classiques de particule et de champ dans la mécanique quantique des champs.

D'ailleurs, les notions de structure et de relation, des notions traditionnelles du réalisme structurel, demeurent insuffisantes et abstraites (elles sont essentiellement de nature mathématique) sans l'intégration des relations causales des théories de la mécanique quantique des champs. Par exemple, l'existence d'un groupe de symétrie

---

143 Lyre H *Holism and structuralism in U(1) gauge theory* Studies in History and Philosophy of Modern Physics 2004. pp.643-670.

144 Op. cit. Kuhlmann, *Quantum Field Theory.*

en mécanique quantique des champs ou une invariance de jauge ne signifie pas que cette théorie physique repose uniquement sur de telles notions mathématiques.

Les théories de jauge prévoient l'existence de particules comme les bosons de jauge. Un boson de jauge est une particule qui agit comme vecteur d'une interaction élémentaire.

Par conséquent, lorsque le réalisme structurel parle de la théorie de jauge en mettent l'accent sur l'invariance de la structure par exemple, il occulte l'existence des particules, ce qui laisse le problème de l'interprétation de leur concept entier et non résolu.

Pour résumer l'évolution du réalisme structurel, on peut retenir la pertinence de deux éléments de base qui ont été rapidement évoqués ci-dessus : la notion de propriété qui permet de ne plus retenir les notions classiques de particule et de champ dans la description des entités quantiques en mécanique quantique des champs. Au lieu d'affirmer que le photon est une particule sans masse ou un champ quantique, il convient plutôt de voir cette entité quantique comme un ensemble de propriétés physiques comme la masse, le spin et la polarisation.

Le deuxième élément est la notion de transformation T qui est liée à la symétrie d'un système physique : la symétrie spécifique en mécanique quantique des champs implique la prise en compte de deux éléments : les transformations T ainsi que l'invariance I des composantes de ce système durant ces transformations. Par conséquent, une symétrie est un ensemble [*T*, *I*] ou *T* désigne une transformation et *I* l'invariance des parties du système sous cette transformation.

Concernant les transformations *T*, il en existe deux types : les transformations de l'espace-temps à toutes les forces de la physique. Il y a également les transformations internes au système physique qui sont liées à certains types de force comme les interactions électromagnétique, faible et forte. Les transformations internes de symétrie permettent de définir les propriétés des entités quantiques qui sont conservées lorsque la symétrie n'est pas brisée. Mais c'est quoi au juste une transformation interne ? Concernant la transformation interne, un cas intéressant est celui de l'électromagnétisme.

En effet les équations de Maxwell sont invariantes lorsqu'on apporte une modification à la fois au potentiel électrique par rapport à une fonction arbitraire. Pourtant les équations restent inchangées et les conclusions physiques demeurent les mêmes[145].

Dans cet exemple de transformation, on peut distinguer nettement le rôle de l'intervention et de la manipulation. Ces notions sont au cœur de la nouvelle philosophie expérimentale, laquelle s'appuie sur le réalisme des entités et nous permettent de croire à la réalité de l'entité physique manipulée dans les laboratoires de physique. Elles permettent également de faire l'économie d'une interprétation de nature ontologique de l'identité de cette entité physique. Par conséquent, le réalisme structurel est condamné à être remplacé par le réalisme des entités de Ian Hacking : au lieu de croire à l'existence de toutes les entités prédites par la théorie en portant uniquement notre attention aux relations structurelles et à la symétrie, nous limiterons notre intérêt aux entités qui peuvent être manipulées ou qui font l'objet d'interventions sans aucune interprétation hormis celle concernant l'invariance d'un système physique.

Nous pouvons dès lors songer à une nouvelle alternative au réalisme structurel en partant de ce dernier constat sur l'entité quantique : tout ce que nous pouvons

---

[145] La fonction servant à construire ces transformations permet de déterminer le groupe de symétrie locale de l'électromagnétisme qui est représentée par la notation U(1).

faire est de manipuler les propriétés causales d'une entité et exploiter des informations à partir de cette manipulation. C'est d'ailleurs ce qui se passe quotidiennement dans les laboratoires de physique. Les données de la théorie ne permettent pas dans certains cas d'avoir une idée précise des concepts utilisés dans les recherches scientifiques, même les plus récentes. En fait, l'incertitude ontologique de la mécanique quantique des champs n'est qu'un cas parmi d'autres. Le réalisme des entités est l'une des voies les plus prometteuses pour résoudre le problème rédhibitoire et complexe de l'incertitude ontologique de la mécanique quantique des champs.

La notion moderne de la manipulation : des cas-types

Les expériences sur les condensats de Bose-Einstein

Vers 1925, Albert Einstein a été en fait le père en tant que physicien de la philosophie expérimentale en ayant développé la théorie des condensats. Selon cette théorie, une grande partie des atomes d'un gaz aux mêmes caractéristiques à basse température vont se regrouper dans le même état physique en créant un condensat dont les particularités quantiques sont très spécifiques.

Ces particularités ont pour cause l'ajustement des longueurs d'onde des atomes pour devenir presque égales aux distances entre les atomes. Le corollaire théorique de cette hypothèse est l'accumulation de toutes les fonctions d'onde quantiques pour se transformer en une fonction d'onde géante. Par ailleurs, les particules composant le condensat ne peuvent être que des bosons, des particules qui ont un spin qui est un multiple entier de la constante de Planck.

En 1995, deux équipes ont réussi à créer un condensat d'Einstein en obtenant un gaz à des températures incroyablement basses. Entre 1925 et 1995 beaucoup de temps est passé[146]. Comment expliquer une telle évolution expérimentale tardive. Une seule réponse peut être donnée : les capacités technologiques sont devenues tellement puissantes que les condensats ont été crées qui sont des manifestations d'un système quantique à l'état macroscopique.

D'ailleurs, les recherches sur les condensats sont menées parallèlement aux travaux sur la superfluidité et la supraconductivité. Les difficultés techniques pour isoler des isotopes de la famille des atomes alcalins comme le potassium et le lithium ont été progressivement levées. L'expérience la plus significative a été réalisée avec le rubidium-87. L'une des difficultés majeures pour la création des condensats est liée au refroidissement des atomes. Il a fallu beaucoup de temps pour créer des lasers capables de refroidir ces entités du monde microscopique. Les photons monochromatiques des lasers parviennent à réduire les fluctuations thermiques des atomes et les stabiliser. La stabilisation thermique des atomes ainsi obtenue permet de diminuer la température à des degrés extrêmes.

Dès lors que les atomes sont refroidis par lasers, les portes sont ouvertes à un champ expérimental d'une grande richesse. Cette richesse ne s'exprime pas uniquement par une meilleure compréhension du comportement des atomes et des particules quantiques mais également par la manipulation des entités physiques. La manipulation à des échelles de plus en plus réduite du monde physique fait de l'expérience un exercice

---

[146] Ian Hacking, « La philosophie de l'expérience : illustrations de l'ultrafroid », *Tracés. Revue de Sciences humaines* mis en ligne le 11 février 2008, consulté le 11 octobre 2012.

d'investigation autonome de la théorie étant donné que les résultats expérimentaux obtenus se sont pas prévus par la théorie.

Les expériences sur les condensats de Bose-Einstein ouvrent la voie à une manipulation de plus en plus sophistiquée des entités quantiques.

Un monde nouveau s'ouvre qui était jadis une *Terra incognita.* Par exemple, après les premières expériences, une dizaine d'équipes de recherche se sont lancées dans ce domaine. Ian Hacking nous raconte avec son sens du détail habituel de quelle manière, les recherches expérimentales sur les condensats de Bose-Einstein se sont diversifiées et complexifiées :

« Au début, en 1995, il y avait 2 équipes. Puis 4, 10, 16… En septembre (2005), 100… Ces atomes froids sont une porte ouverte à la manipulation… Je signalerai quelques exemples… Même en jouant sur un même élément, le rubidium-87, on peut essayer de prolonger la vie d'un condensat ; d'augmenter la taille et le nombre des atomes dans l'échantillon froid, ou de les diminuer.[147]».

Toutefois, il n'y a pas uniquement l'élargissement considérable de l'expérimentation qui donne raison aux empiristes de l'âge classique. Hacking met également l'accent sur un aspect révolutionnaire de l'expérience qui est son pouvoir en matière de création de phénomènes. Les lasers, la superfluidité, la super conductivité n'existent pas dans la nature. Ils sont le produit de l'expérimentation et font partie du monde technologique. L'expérience ne sert pas uniquement à révéler ce qui existe dans le monde physique mais elle change également le monde physique en créant de nouveaux phénomènes.

[147] Ibid, p. 211.

Les expériences de l'électrodynamique quantique

En plus de la création des phénomènes, on assiste aujourd'hui concernant les activités d'expérimentation ayant trait spécifiquement à la physique quantique, à une véritable transformation des expériences de pensée en expériences réelles, un rêve caressé par les fondateurs de la mécanique quantique. Cette transformation a été rendue possible avec les progrès réalisés ces dernières années en électrodynamique quantique en cavité. Un cas-type attire notre attention : le développement de techniques permettant le contrôle et la manipulation des particules isolées sans détruire leurs propriétés quantiques.

Ce sont précisément cette manipulation et ce contrôle des particules qui reflètent la transformation des « expériences de pensée » qui ont été comme les jalons de la recherche chez les fondateurs de la mécanique quantique en « expériences réelles. » La manipulation des particules atomiques a été imaginée par Einstein, Bohr et Schrödinger de manière irréelle en raison de l'impossibilité en pratique de négliger lors des expériences réelles les perturbations engendrées par l'appareil expérimental lui-même.

Ces expériences de pensée permettent de représenter et de visualiser les résultats des interactions et des phénomènes quantiques de manière aussi compréhensible que possible dans le but de démontrer la validité de leurs concepts et théories.

Par exemple, le paradoxe du chat de Schrödinger représente les conséquences du principe de superposition à l'échelle macroscopique (vie et mort d'un chat). Mais le passage des expériences de pensée aux expériences réelles a été entravé par le fait que les physiciens de l'époque ne pouvaient effectuer des expériences réelles permettant de représenter et de visualiser aussi fidèlement que possible les entités quantiques[148]. Par exemple, des atomes isolés en mouvement ou en agitation demeuraient inobservable en raison de la non-disponibilité de moyens technologiques comme les ordinateurs ultrarapides et les lasers qui permettent de contrôler les particules[149].

A ce propos, Schrödinger a affirmé « nous ne pouvons faire des expériences avec des électrons, atomes ou molécules individuelles. Nous ne pouvons le faire qu'à travers des expériences de pensée qui donne des résultats ridicules[150]. » Il signifie par cette phrase que de telles expériences sont quasiment irréalisables. De manière encore plus précise, nous pouvons considérer l'impossibilité de réaliser de telles expériences comme inhérente à l'impossibilité de manipuler des entités quantiques isolées. C'est seulement durant les dernières années que les particules quantiques ont été manipulées et observées sans la destruction de leurs propriétés physiques.

L'exemple du photon reflète très bien cette situation. Il a été observé dans une cavité quantique en faisant des sauts entre deux miroirs ultra-perfectionnés.

L'appareillage expérimental réalisé par une équipe française dirigée par Serge Haroche, du laboratoire Kastler de l'ENS de Paris tire partie de trois composantes techniques qui sont le fruit de la technologie moderne. Ce physicien aime à décrire une sorte de cercle vertueux qui permet de lier la conception de ces outils modernes aux résultats scientifiques prodigieux ainsi réalisés[151].

Ces outils sont fabriqués grâce à la mécanique quantique et ils permettent aujourd'hui de réaliser ces fameuses expériences de pensée. Se sont les lasers

---

[148] Op. cit. HAROCHE Serge *Leçon inaugurale prononcée au Collège de France* le jeudi 13 décembre 2001.
[149] Ibid.
[150] Schrödinger, « Are there quantum jumps?», British Journal for the Philosophy of Sciences, 1952
[151] Ibid.

raccordables qui ont été développés aux Etats-Unis durant les années 1980 et 1990, les supraconducteurs et les ordinateurs ultrarapides. Les lasers jouent un rôle important puisqu'ils permettent de réaliser des sauts photoniques des atomes qui sont indispensables aux opérations expérimentales réalisées dans la mesure non-destructive et répétée de la lumière. C'est ce qu'on appelle le « pompage optique » qui est un cas très pratique de la manipulation des atomes par des lasers.

Serge Haroche révèle en quelques mots les énormes évolutions techniques de cette manipulation des entités quantiques qui est désormais possible : « On peut… « voir » des atomes, les déplacer sur la surface d'un cristal et s'en servir pour fabriquer des structures à l'échelle du milliardième de mètre… On peut aussi piéger des atomes un à un en les laissant suspendus dans le vide… On peut à l'aide de faisceaux de lumière laser manipuler ces atomes[152]. »

En laboratoire, une manipulation est synonyme de l'exécution de diverses opérations (primitivement effectuées de façon manuelle) sur des substances ou des objets lors de la réalisation d'une expérience ; il y a donc un large éventail d'opérations physiques qui sont regroupés sous le nom de manipulation. Le point commun entre elles, est l'utilisation des relations causales entre les variables d'une expérience.

Dans les expériences récentes de la physique quantique, les opérations physiques qui reposent sur l'utilisation des propriétés causales des entités d'une expérience s'étendent comme suit[153] (en reprenant le résumé de Haroche): déplacer les atomes et fabriquer des structures ; piéger des atomes un à un dans le vide ; préparer des atomes dans des états quantiques bien définis et observer leurs sauts

---

[152] Ibid.

[153] Op. cit. Haroche Serge.

quantiques (à l'aide de faisceaux de lumière); produire des photons un à un, les intriquer entre eux dans une boîte pendant une fraction de seconde et les observer sans les détruire ; création de phénomènes quantiques comme l'intrication.

Nous ne pourrons jamais connaître la véritable nature des choses, mais nous pouvons vérifier si ces choses peuvent être manipulées. C'est ce que font les expérimentateurs de la physique quantique. On peut construire une théorie parfaitement viable en partant de l'idée de la manipulation des entités quantiques. La manipulation conforte en plus notre certitude sur l'existence de ces entités. On manipule un électron sur la base de ses propriétés que sont la masse, la charge, le spin, la position et la vitesse sans supposer qu'il soit une particule ou un champ. Seule sa manipulation importe : en fait la manipulation n'est autre qu'une intervention sur une relation causale entre des entités en mettant en évidence l'existence de la variable *x* (cause) et de la variable *y* (effet). L'expérimentateur agit sur la variable *x* afin de changer l'état de la variable *y*. Cette relation causale aboutit à plusieurs résultats et elle obéit à des conditions. Au lieu de parler de particules ou de champs, des notions difficiles à saisir et à définir, je propose plutôt de parler d'entités qu'il est possible de manipuler en interagissant avec d'autres entités inobservables ou produire de nouveaux phénomènes.

Ces « manipulons[154] » possèdent des propriétés bien définies comme la masse, la charge électrique et le spin qui sont manipulés selon des conditions spécifiques. Par ailleurs, ce que nous nommons un électron est en fait un ensemble de propriétés qui permettent de manipuler

---

[154] Nous proposons ce terme afin de bien désigner l'entité inobservable du monde quantique comme étant une entité purement manipulable.

d'autres entités inobservables comme les photons et les quarks.

Les expériences effectuées dans les accélérateurs de particule ou celles qui visent concrètement la manipulation des entités quantiques dans les expériences de l'électro-dynamique quantique en cavité le démontrent.

III. Les limites épistémologiques de la recherche théorique en physique

Voilà que le moment est venu d'évoquer une question importante qui fera l'objet de cette troisième partie : si la théorie n'est plus un pilier stable de la science qui est de plus en plus dominée par l'expérimentation, comment elle fonctionne en l'absence de toute expérimentation ? Nous allons voir la nature sous-jacente de la théorie qui montre des signes d'affaiblissement épistémologique significatif plus particulièrement concernant la physique quantique avec son versant informationnel et la physique des particules.

L'obscurcissement de la quête métaphysique de la science

Nous avons lancé dans les pages précédentes une thèse audacieuse selon laquelle la recherche théorique possède des faiblesses structurelles qui sont de nature épistémologique et philosophique. Ces faiblesses rendent les théories inférieures sur le plan épistémologique et scientifique à l'expérimentation. Celle-ci ne possède pas, en revanche, les mêmes faiblesses et c'est pour cette raison qu'elle détermine le progrès scientifique pour une large part et pour des raisons largement analysés dans les pages précédentes.

La recherche théorique souffre de contraintes que nous allons expliquer et analyser à travers des exemples concrets. Il faudrait juste préciser de prime abord qu'il est très difficile de dire pour quelle raison ces faiblesses sont qualifiées comme telles. On peut simplement supposer que le mot d'ordre général est la crise de la réalité et l'incapacité des théories à couvrir le réel. Toutefois, cette démarche n'a pas pour objectif ni de remettre en cause le rôle de la théorie pour la physique, ni de relativiser les relations étroites entre la théorie et l'expérience. L'idée générale est juste de prouver que l'expérience détermine pour une large part l'évolution de la science dans un contexte historique et épistémologique caractérisé par la « dégénérescence » métaphysique et épistémique de la théorie vis-à-vis d'une description et d'une représentation satisfaisante des phénomènes du monde physique.

Cette situation concerne des domaines comme la physique quantique et la physique des particules qui est basée sur la mécanique quantique des champs, mais ses racines remontent à une longue histoire qui a eu pour commencement les théories de la relativité d'Albert Einstein.

Des recherches récentes montrent avec une grande clarté que la révolution einsteinienne a entraîné non seulement un bouleversement scientifique des concepts d'espace et de temps mais également une révision des fondements épistémologiques de notre connaissance du réel physique. La recherche théorique qui a débouché sur les théories de la relativité n'est pas parvenue à édifier une science définitive et une connaissance ultime et parfaite du monde d'un point de vue métaphysique.

La nouvelle vision du monde physique héritée d'Einstein implique une remise en cause des notions de substance et d'essence inhérentes aux concepts d'espace et de temps qui représentent les notions fondamentales sur lesquelles reposaient la physique newtonienne et plus particulièrement les théories d'espace et de temps absolus. L'abandon de ces notions a amené Einstein à reprendre dans sa physique les bases d'une philosophie élaborée par Ernst Mach qui l'a grandement influencé. Cette philosophie est basée sur les relations entre les phénomènes comme le mouvement. Un mouvement détermine un autre mouvement et il n'y a rien qui puisse nous permettre de faire reposer nos connaissances sur les mouvements hormis un autre mouvement. C'est ainsi que s'est forgé le principe de relativité qui rompt avec toute métaphysique de l'essence et de l'absolu[155]. Le mérite de cette nouvelle physique est son rapprochement considérable de l'expérience et le rejet de la métaphysique qui est considérée comme une rupture avec les données empiriques produites par la perception[156].

Nous avons déjà attiré l'attention sur le caractère épistémologique crucial de l'expérience perceptive. A chaque fois qu'on s'éloigne de cette expérience, la physique théorique entre en crise. C'est ce qui se passe aujourd'hui avec la théorie des supercordes. Le génie d'Einstein c'est d'avoir élaboré sa théorie sur des concepts perceptifs par excellence. Il ne s'agit pas ici de renouveler le discours sur l'expérience perceptive mais de prendre l'exacte mesure de la notion de relation qui couvre désormais l'ensemble d'un phénomène physique qui perd ainsi son identité métaphysique.

Mais comment ce nouveau « phénoménisme » relativiste s'affirme dans notre entendement scientifique ? C'est uniquement grâce au formalisme mathématique. La science se réduit donc à l'étude de phénomènes physiques dont aucune connaissance ne peut être établie avec

---

[155] François-Xavier Demoures *Relativité et relativisme : la réception de la théorie d'Einstein*, Tracés. Revue de Sciences humaines, 2007, p. 8.

[156] Ibid.

certitude hormis les relations réciproques entre les phénomènes qui s'expriment uniquement dans le formalisme mathématique. La conséquence épistémologique la plus importante du bouleversement phénoméniste provoqué par la théorie de la relativité einsteinienne est donc le rejet du substantialisme et de la chose en soi kantienne.

L'une des théories les plus élaborées de la physique moderne ne parvient pas, quoi qu'on dise, à couvrir de manière disons métaphysique et ontologique le réel. Dans des phrases pleines de sens, H.Wildon Carr résume la quintessence de la théorie de la relativité en rappelant que dans le monde physique décrit par cette théorie : « [...] les systèmes de référence sont définitifs sans être absolus, et relatifs sans être conditionnés extérieurement, dans lequel chaque système est suffisant par soi-même et contient sa propre norme[157]» Il n'y a aucune extériorité qui permet de fonder notre certitude métaphysique. La physique se réduit à des systèmes de référence qui deviennent les références invariantes de tous les phénomènes physiques. Il n'y a plus aucune « absoluité » dans les concepts physiques et l'accès au réel procède par un travail approximatif qui ne repose sur aucune ontologie[158].

Le décalage entre la théorie physique et la réalité

Aperçu rapide sur la genèse de la théorie de l'information quantique

L'accès au réel est ce qui est vraiment problématique pour la théorie physique. Les incertitudes métaphysiques des notions d'espace et de temps qui sont inhérentes aux

[157] H.Wildon Carr *The Metaphysical Aspects of Relativity*, Nature, 7 février 1921, p.810.
[158] Ibid.

deux théories de la relativité, le fossé qui sépare l'ontologie de l'infiniment grand et l'ontologie de l'infiniment petit qui est peut être responsable de la difficulté rédhibitoire d'unifier la théorie de la relativité générale et la mécanique quantique et l'accès approché et incertain au réel physique ont amené les philosophes à considérer que les théories ne couvrent pas la réalité. Elles sont le résultat de nos simples et subjectives représentations que nous nous faisons du monde. Des recherches récentes laissent entendre que la mécanique quantique qui est à l'origine de la fixation du cadre global de la physique des particules ne parvient plus à décrire la réalité physique dans sa profondeur ontologique et se limite à élaborer une théorie générale de l'information quantique.

L'information c'est autre chose que la représentation mais elle possède d'énormes possibilités technologiques. Les physiciens se sont rendus compte qu'au lieu de percer le secret des phénomènes de l'infiniment petit, il serait plutôt plus judicieux d'exploiter les informations provenant des phénomènes quantiques dans le but de développer de nouvelles technologies. C'est ainsi que trois axes de recherche technoscientifiques sont nées et prennent un nouvel essor[159]. Il y a d'abord les activités de laboratoire qui tournent autour de l'objectif de réaliser un ordinateur quantique. Le deuxième axe de recherche vise à créer l'internet quantique. Enfin, une activité intense dans les laboratoires de physique a pour objet la création de programmes de communication basés sur une cryptographie quantique.

Là aussi, la recherche théorique débouche sur l'expérimentalisme sous-jacent à la révolution du tout-technologique. L'élément de base de cette transformation

[159] Nous résumons ici en fait la quintessence de la révolution quantique.

radicale est le qubit qui est devenu une unité d'information quantique.

A l'origine, le qubit était un objet mathématique qui couvre un système physique ayant des propriétés particulières. La mécanique quantique a toujours été depuis les origines étroitement liée au formalisme mathématique. En fait, le mathématisme de la mécanique quantique permet de la rendre opérationnelle. Dès qu'un postulat quantique trouve une formulation mathématique satisfaisante, il est validé par l'expérience.

La révolution de l'information quantique est le résultat d'un renversement de position : Niels Bohr, l'un des plus grands fondateurs de la mécanique quantique avait conscience que les concepts quantiques comme la fonction d'onde possèdent une nature mathématique et que la réalité des phénomènes quantiques reste à jamais cachée. Cette position est devenue presque rédhibitoire jusqu'au moment où un groupe de physiciens ont remplacé le mathématisme positiviste de l'école de Copenhague par une science de l'information quantique. Au lieu d'interpréter la nature mathématique des concepts quantiques, ces physiciens ont préféré se limiter à une exploitation de l'information quantique et ne retenir de la mécanique quantique que les informations collectées. Les concepts quantiques sont devenus alors des concepts informationnels plutôt que métaphysiques ou mathématiques.

C'est à ce moment que le qubit est devenu une entité mathématique permettant de stocker de l'information. L'utilité du qubit est clairement révélée dans le nombre infini d'informations qu'il peut stocker. Lorsqu'on a deux qubit, les bits peuvent avoir quatre états possibles (00, 01, 10, 11). De même, une paire de qubit possède quatre états de base (($|00\rangle$, $|01\rangle$, $|10\rangle$, $|11\rangle$).

Mais tandis que deux bits ne peuvent stocker ces chiffres qu'une fois dans un temps déterminé, une paire de qubit peut exister avec une superposition de ces quatre états de base.

Cette capacité de stockage de *n* qubit non mesurés est très utile lorsqu'on veut concevoir un ordinateur quantique. Par ailleurs, la nature informationnelle des concepts quantiques permet de formuler des axiomes fondamentaux applicables à la mécanique quantique. Ces axiomes sont de deux types : des axiomes purement informationnels et des axiomes qui reflètent les principes de la mécanique quantique comme le principe d'indétermination de Heisenberg et le théorème de Bell. Mais c'est le problème de la mesure quantique qui a suscité les recherches les plus intenses.

Le travail le plus avancé dans le domaine de l'information quantique est matérialisé par un théorème appelé (CBH) qui a été conçu par Clifton, Bub et Halverson (2003) et qui conçoit la théorie quantique en termes de théorie de l'information. Sur le plan philosophique, le théorème stipule que la théorie quantique doit être considérée comme une théorie de principe sur l'information quantique et non une théorie constructive relative à la dynamique des systèmes quantiques[160]. Selon ce théorème, trois principes basés sur les contraintes des processus de l'information devraient régir la théorie informationnelle quantique : pas de transfert, pas de transmission et pas d'obligation en matière de bits d'information. A partir de ces principes, Bub (2004, 2005) a lancé trois hypothèses[161] : 1/La théorie quantique aborde les possibilités et les impossibilités du transfert d'information plutôt que la dynamique de la fonction

---

[160] Amit Hagar_ Meir Hemmo *Explaining the Unobserved—Why Quantum Mechanics Ain't Only About Information*, November 14, 2005.
[161] Ibid, p. 3.

d'onde ou celle des particules quantiques. 2/Tenant compte de ces trois contraintes théoriques, n'importe quelle théorie sur les phénomènes quantiques doit être empiriquement équivalente à une théorie quantique de l'information. 3/Les contraintes de l'information sont reflétées dans la réalité des phénomènes du monde physique[162].

N'importe quelle théorie quantique de nature mécanique (physique) incluant une description des interactions de la mesure serait acceptable et le but approprié de la physique au niveau fondamental serait la représentation et la manipulation de l'information à partir d'une déduction des aspects cinématiques de la théorie quantique des systèmes physiques[163]. Par ailleurs, CBH offre une compréhension différente du formalisme mathématique de la mécanique quantique qui est basé sur les opérateurs[164].

Dans un article important (2005), Bub a décrit la signification philosophique du théorème CBH en le comparant au passage des théories constructives de Lorentz et de Fitzgerald sur le mouvement dans l'éther à la théorie de principe de Einstein sur la relativité qui prévoit un formalisme géométrique abstrait de l'espace-temps.

Le théorème CBH sur les contraintes de l'information permet de supposer qu'aucune théorie constructive sur les phénomènes quantiques n'est possible et que toute théorie constructive sur le phénomène quantique qui satisfait les trois principes du théorème ne peut pas être empiriquement distinguée d'une théorie quantique classique[165].

En fait, la tendance générale qui se cache derrière les concepteurs de ce théorème est de considérer la théorie de l'information quantique de théorie de principe et de la

[162] Ibid.
[163] Ibid.
[164] Ibid, p.5.
[165] Ibid, p.8.

distinguer d'une théorie constructive. Les théories classiques de la mécanique quantique comme la théorie de Böhm sont donc des théories constructives. Selon eux, seule la théorie de l'information représentée par le théorème CBH représente une théorie de principe[166]. Ils en tirent une conséquence importante qui représente un tour de force philosophique : il est nécessaire de rejeter la théorie de Böhm et de lui préférer la théorie de l'information quantique[167].

Les limites des théories informationnelles quantiques

Mais cette évolution de la théorie de l'information quantique qui a pris son essor au début de l'année 2000 et dont le point de départ est l'analyse des contraintes subies par l'information quantique, repose sur un une attitude qui consiste à un renoncement définitif de toute théorie quantique à une description satisfaisante de la réalité du monde physique. Au lieu que ce soit un progrès pour la théorie quantique, cette évolution est en fait une régression pour la recherche théorique et vis-à-vis de laquelle l'expérience est neutre. Ce renoncement ne signifie pas pour autant que la théorie quantique informationnelle est inévitable et qu'elle représente la seule issue possible pour réaliser des progrès dans la recherche théorique sur la mécanique quantique. Nous allons le démontrer en analysant trois aspects cruciaux qui sont sous-jacents à la théorie de l'information quantique.

---

[166] Ibid, p.9.
[167] Ibid.

La critique des théorèmes de l'information quantique

Le théorème CHB sur la théorie informationnelle quantique ne justifie pas l'abandon des théories constructives. En fait, les trois principes de ce théorème ne portent pas sur le phénomène quantique lui-même mais plutôt sur les prédictions de la mécanique quantique[168]. Par ailleurs, les contraintes de l'information ne peuvent être observées en pratique.

Enfin, la robustesse de la théorie informationnelle ne signifie pas qu'une analyse physique de la mesure du même genre que celle suggérée par les théories constructives n'est pas nécessaire. Ainsi, l'essor de la théorie de l'information quantique et la robustesse du théorème CBH ne signifient pas que les théories constructives sont devenues des reliques du passé. Un exemple significatif est offert par la théorie GRW. La théorie GRW qui est non-relativiste explique la non-observabilité de certaines superpositions macroscopiques des états en modifiant la dynamique linéaire de Schrödinger de manière à supposer que les superpositions s'effondrent très probablement en masse et de manière spontanée[169].

Ainsi, les superpositions des états quantiques sont extrêmement instables et n'ont rien à voir avec le processus perturbateur de la mesure comme l'a toujours suggéré l'interprétation de Copenhague.. Cette théorie qui est compatible avec l'expérience viole les contraintes du théorème CBH. La théorie GRW n'est pas empiriquement

---

[168] Ibid, p.4.

[169] La question de l'inobservabilité des superpositions dans les systèmes physiques macroscopiques est une variante du problème de la mesure dans la théorie quantique. L'équation de Schrödinger est modifiée en y introduisant un terme non-linéaire et stochastique qui rend possible l'effondrement de la fonction d'onde-linéaire. La probabilité que la fonction d'onde du système plus l'appareil de mesure reste dans un état de superposition plus d'une fraction de seconde disparaît de manière exponentielle.

équivalente à une théorie quantique qui n'est pas basée sur l'effondrement des états de superposition. Elle prédit que les superpositions des états de position disparaissent très rapidement mais elle n'introduit aucune règle supplémentaire à la mécanique quantique. La théorie GRW permet de préparer n'importe quel système ou une paire de systèmes dans n'importe quel état quantique (intrication et état non local comme c'est le cas du modèle EPR-Bell).

De cette manière, la théorie GRW représente une brèche dans le système des théories informationnelles de la mécanique quantique dans la mesure où il n'y a aucune raison d'adopter le principe (pas de bit) du théorème CHB en tant que contrainte inévitable dans le cadre d'un choix des théories quantiques. Bien plus important encore, les prédictions des théories informationnelles en matière de contraintes à l'échange d'informations quantiques sont susceptibles de ne pas être valables dans tous les cas et plus particulièrement dans le cas des états quantiques macroscopiques.

Explication historique : le réalisme des fondateurs de la mécanique quantique

Le deuxième aspect relève de l'histoire de la physique quantique qui nous permet de montrer que ses fondateurs n'ont pas vraiment renoncé à une description de la réalité. De cette manière, le passage de la mécanique quantique de nature dynamique et cinématique à une théorie informationnelle, et peu importe qu'elle soit qualifiée de théorie de principe, repose en fait sur un présupposé erroné : l'impossibilité reconnue par les physiciens de décrire la réalité du monde physique. On va le démontrer à travers l'analyse des travaux épistémologiques de Niels Bohr qui est le fondateur de l'école de Copenhague.

L'interprétation philosophique de la physique quantique a été attribuée à l'un de ses fondateurs les plus éminents Niels Bohr. Ce dernier est plus connu comme un penseur ayant développé l'antiréalisme en physique. Une fois que cette idée a fait son chemin dans les travaux philosophiques des physiciens quantiques, elle est devenue le premier jalon dans la voie des théories informationnelles de la mécanique quantique qui ont connu un essor durant la période récente. Une certaine continuité peut ainsi être révélée dans le développement de la physique moderne dont le signe distinctif est le renoncement à la description de la réalité.

En procédant de cette manière, les physiciens ont « rejeté le bébé avec l'eau du bain » et ont consacré de manière très prématurée la fin du réalisme. Il convient de prime abord de préciser que cet abandon du réalisme a été accompagné par le renoncement à toute recherche pour trouver une ontologie permettant de décrire la réalité du phénomène quantique.

En fait, l'échec de l'ontologie de la physique classique en mécanique quantique a été assimilé à un échec à décrire la réalité tout court[170]. Cette discontinuité a créé un fossé qui n'a jamais été comblé entre la physique classique et la physique quantique. Cette rupture épistémologique s'explique par le fait que la mécanique quantique ne permet pas de définir un système mécanique dont l'existence est supposée indépendante de l'observation et ne parle aucunement de la réalité sous-jacente d'un phénomène physique. Par conséquent, une philosophie antiréaliste est née et aucune correspondance entre la théorie et la réalité des phénomènes n'a pu être établie. Cette situation a été renforcée par la nature du formalisme théorique de la mécanique quantique[171]. Aucun physicien ne fut en mesure de comprendre la signification exacte de

---

[170] Henry J. Folse *Niels Bohr, Complementarily, and Realism*, PSA 1986, Volume 1, pp. 96-104.
[171] Ibid.

la fonction d'onde de Schrödinger, de la mesure et de la réduction du paquet d'onde. La philosophie antiréaliste qui est inhérente à la physique quantique a été l'apanage de l'école de Copenhague[172].

Nous allons voir maintenant qu'en fait Niels Bohr ne fut pas un antiréaliste. Ce dernier n'a jamais renoncé au réalisme dès les débuts de ses recherches. Il a considéré les atomes comme réels en raison du fait que ces entités sont causalement responsables d'un large éventail de phénomènes étudiés en laboratoire. Selon lui, l'atomisme est une hypothèse concernant les causes des phénomènes : « Mise à part la question fondamentale pour savoir s'il est légitime d'obtenir des images visualisables concernant des entités qui ne peuvent être perçues, la théorie atomique est une hypothèse nécessaire[173]. »

Le réalisme de Bohr est clairement affiché lorsqu'il dit : « … Nous sommes… conscients de l'existence de phénomènes qui sont provoqués par l'action d'un seul atome. En même temps et comme aucun doute ne subsiste à propos de la réalité des atomes et que nous avons acquis une connaissance plus approfondie de leur structure intime, nous sommes désormais conscients des limites de notre perception[174]. »

Nous voyons ici que la démarche réaliste de Bohr se rapproche de celle de Ian Hacking dont nous avons déjà vu toute la portée philosophique sur le réalisme des entités physiques. De manière qui nous rappelle la puissance de l'expérience perceptive qui est le socle de toutes nos certitudes sur la réalité des phénomènes physiques, l'attachement de Bohr dès 1913 au réalisme peut être

---

[172] Ibid.

[173] Bohr, Niels. (1927) *The Quantum Postulate and the Recent Development of Atomic Physics* Nature 121: 580-590. (As reprinted and revised in Bohr (1934). Pages 52-91.)

[174] Ibid, p. 103.

considéré comme un jalon qui a guidé les physiciens dans la voie de la certitude à l'égard de leurs théories au moment où les postulats et les axiomes de la mécanique quantique marquaient une rupture épistémologique avec ceux de la mécanique classique.

Par ailleurs, Bohr n'a pas renoncé au début de sa carrière à la causalité physique étant donné ses affirmations sur les expériences de la mécanique quantique qui reflètent, selon lui, l'importance des relations causales entre les phénomènes physiques dont l'existence est confirmée par les observations[175]. On connaît tous l'acharnement de physiciens comme Heisenberg à tenir compte scrupuleusement des observations dans l'élaboration des théories de la mécanique quantique. Le principe d'indétermination est un exemple-type dans ce domaine. Néanmoins, le compte-rendu des observations est impossible sans la prise en compte des relations causales entre les phénomènes quantiques[176]. D'ailleurs, le principe de complémentarité de Bohr s'inscrit en droite ligne des convictions de ce physicien en matière de réalisme et de causalité.

Deux phénomènes ne peuvent être considérés comme des manifestations complémentaires à propos d'une même entité physique à moins que cette entité soit la cause de ces phénomènes complémentaires. Dès lors que le réalisme de Bohr a été au cœur des premiers développements les plus profonds de la mécanique quantique, il n'est pas alors légitime de penser que l'antiréalisme est une conséquence inéluctable de la physique quantique[177].

Des théories réalistes peuvent un jour apparaître dans un environnement intellectuel marqué par le succès de certaines théories informationnelles antiréalistes et anti-

---

[175] Op.Cit. Henry J. Folse, p.99
[176] Ibid.
[177] Ibid.

constructives. Le développement des théories informationnelles en mécanique quantique n'est pas une fatalité qui remet en cause l'émergence probable de théories réalistes et peu importe que ces théories soient constructives ou de principe.

L'enjeu principal du débat sur le décalage entre les théories et la réalité ne peut se réduire à une distinction entre une théorie de principe et une théorie constructive. Il est plutôt étroitement lié au problème du réalisme des entités quantiques. Bohr a eu une grande intuition largement justifiée en développant ses concepts réalistes comme celui de la complémentarité car l'essor des théories informationnelles représente un fossé difficile à combler entre la théorie et la réalité. C'est ici que réside leur faiblesse structurelle qui risque d'être durable en l'absence d'une vision philosophique élargie qui ne se limite aucunement à la théorie. Une solution satisfaisante au problème du réalisme des entités physiques exige le renouement avec l'expérimentation en s'appuyant sur la manipulation et l'intervention causale sur les phénomènes quantiques ; un rêve caressé par Bohr et qui se réalise aujourd'hui.

La difficulté de dévoiler les fondements physiques de la théorie de l'information quantique

Il y a également les difficultés physiques intrinsèques de la théorie de l'information quantique qui montrent les limites de la réduction de la théorie quantique dans sa version physique à une analyse de nature computationnelle et informationnelle.

Au-delà du succès de la découverte des algorithmes (comme l'algorithme de Shor) et mise à part les difficultés insurmontables qui entravent la réalisation d'un ordinateur quantique à grande échelle, un problème rédhibitoire entrave les recherches actuelles : les physiciens ne connaissent pas les processus physiques qui sont responsables de la faisabilité physique du calcul informationnel quantique. Par ailleurs et de manière plus fondamentale encore, la pertinence de notions jugées comme essentielles à la supériorité des ordinateurs quantiques, à savoir l'intrication et l'interférence, ont été récemment remises en cause[178]. Malgré le fait que les caractéristiques des systèmes quantiques jouent un rôle essentiel dans les processus informationnels quantiques, les physiciens ignorent leur mode de fonctionnement[179].

Il n'existe aucune théorie, ni algorithme, ni théorème[180] qui nous explique la différence fondamentale entre les systèmes quantiques et les systèmes classiques qui sont basés sur le caractère non commutatif des observables. Dans un modèle de circuit quantique, il n'y a que deux observables –la préparation de l'état initial et l'observation de l'état final-qui ne sont pas suffisants pour déterminer toutes les caractéristiques d'un système physique. Ces difficultés ne sont pas peut-être insurmontables mais ils démontrent que les théories quantiques informationnelles ne sont pas encore mûres et qu'elles ne peuvent remplacer entièrement les théories réalistes. En fait, le problème avec la théorie quantique informationnelle c'est son éloignement du réalisme.

Le décalage entre la réalité et la théorie en physique ne se limite pas uniquement au rôle extensif, durant la période récente, des théories informationnelles en mécanique quantique qui consacrent un renoncement à décrire la réalité du monde de la microphysique. Il est lié également à l'utilisation intensive de modèles théoriques, formels et abstraits que rien ne nous permet de considérer

---

[178] Linden and Popescu 1999, Biham 2004.
[179] Fortnow, 2003.
[180] Comme celui de Bell.

comme reflétant la réalité sous-jacente des phénomènes physiques.

L'essor et la domination des modèles en physique théorique

La physique théorique des hautes énergies recourt fréquemment à des modèles formels qui sont souvent très abstraits. Mais en fait, les modèles ont envahi tous les secteurs de la science et de la technique. L'origine des modèles est enfouie dans l'histoire de la science. Mais ce qui est sûr c'est que les modèles sont des paradigmes qui sont très éloignés de la perception. Dans les modèles, l'expérience perceptive est remplacée par des systèmes de représentation qui sont soit de nature numérique, mathématique ou inductive (c'est-à-dire des représentations très généralisées des phénomènes physiques étudiés).

Chaque modèle présuppose une correspondance avec la réalité ainsi qu'une certaine vérifiabilité du modèle à l'épreuve de l'expérience. On peut évaluer la relation des modèles avec la réalité en comparant ces outils avec la théorie et l'expérience perceptive. Si la théorie peut être vraie ou fausse et l'expérience perceptive toujours vraie, le modèle n'est ni vrai ni faux.

C'est seulement à partir de cette nature logique indécidable, qu'on peut comprendre l'utilité des modèles pour la science. Ce sont des instruments ou des ponts entre les théories et les expériences. Parce qu'entre ces deux composantes fondamentales de la science, il y a autre chose que la vérité ou la fausseté. Il y a des choses qui sont ni vraies, ni fausses mais qui sont nécessaires à l'intellectualisation de la science, c'est-à-dire à une compréhension plus profonde des phénomènes physiques.

Par exemple, les symétries ont été utilisées à profusion dans les sciences physiques, de la physique classique jusqu'à la physique des particules. De cette manière, la construction des modèles obéit un schéma de développement abstrait et essentiellement mathématique. Mais en suivant ce schéma, les modèles se situent en rupture avec la réalité physique. C'est pour cette raison qu'Ian Hacking a remis en cause la réalité des lentilles gravitationnelles en évoquant l'utilisation fréquente de modèles pour étudier de telles entités astrophysiques. Malgré le caractère épistémique incertain des modèles, ceux-ci se sont développés et leur importance a été remarquée par des philosophes et des physiciens comme Helmholtz, Mach et Boltzmann.

Les motivations intellectuelles qui sont à l'origine des modèles sont bien expliquées par Mach qui y voit la nécessité d'établir une économie mentale afin de faire face à la grande variété des sensations et à la difficulté d'en faire l'inventaire. Pour Mach, il y a une telle instabilité et une telle variabilité dans la nature que la connaissance ne peut progresser que par une économie mentale. Celle-ci est matérialisée dans les modèles[181]. Voici ce que Mach nous dit explicitement de ce processus : « Toute science se propose de remplacer et d'épargner les expériences à l'aide de la copie et de la figuration des faits dans la pensée. Cette copie est en effet plus maniable que l'expérience elle-même[182]».

C'est dans cette digression de Mach qu'on peut voir la véritable nature du modèle. Celle-ci est non seulement antiréaliste, mais il possède en plus une valeur symbolique qui marque une rupture avec toute ontologie et ce, pour une raison simple : il joue un rôle majeur dans la mise en

---

[181] Ernst Mach, *La Mécanique* [1904], Paris, Jacques Gabay, 1987, p. 449
[182] Ibid.

oeuvre d'une économie mentale[183] sans pour autant qu'il acquière une dimension métaphysique.

Des philosophes comme Hesse et Cartwright confèrent aux modèles un autre rôle : ils jouent en fait le rôle de ponts entre une théorie et une autre ainsi qu'entre les processus de la découverte scientifique et les contextes de justification[184].

Un autre rôle des modèles a été révélé plus spécifiquement en physique des particules et qui peut être rapproché de celui qui a été mis en évidence par Mach puisque la fonction d'économie mentale relève en partie du besoin d'abstraction ressenti par les mathématiciens et qui se retrouve dans toutes les équations de la physique. Le rôle du formalisme mathématique dans l'élaboration des théories de la physique des particules a été reconnu par Dirac en 1931. Depuis cette date, ce formalisme s'est développé de manière considérable au point de devenir le socle des théories de la physique des particules. On peut considérer alors que la physique des particules repose sur des modèles mathématiques ou physico-mathématiques qui se détachent de la réalité des entités physiques.

Ces modèles aboutissent parfois au développement de concepts physiques très importants mais le doute subsiste autour de leur réalité. Par exemple, Dirac a postulé, à partir de 1930, l'existence d'une « mer » d'électrons qui remplit les états d'énergie négative conformément au principe d'exclusion de Pauli. Ce modèle de « mer des électrons » a été proposé afin de résoudre la difficulté de concevoir l'existence d'un électron stable étant donné que cette particule peut tomber d'un état d'énergie positif à un

---

[183] Franck Varenne, *Théorie, réalité, modèle*, Éditions matériologiques, août 2012, p. 145.

[184] Hesse, M.B. (1966) *Models and Analogies in Science*. University of Notre Dame Press.

état d'énergie inférieure[185]. La difficulté avec un tel modèle est qu'une telle mer de particules possède en principe une énergie infinie, ce qui jette le doute sur la réalité du modèle de Dirac.

Le recours aux modèles a été généralisé à l'électrodynamique quantique qui est une théorie quantique du champ. Le modèle abstrait qui à la base de ces théories est la transformation de jauge. La transformation de jauge stipule qu'une invariance de symétrie implique l'existence d'une quantité conservée[186].

Par exemple, en mécanique quantique, l'équation non-relativiste de Schrödinger reste invariante sous une transformation de phase de la fonction d'onde qui permet la conservation de la charge[187]. En suivant la logique d'économie de Mach on peut voir que le modèle de transformation de jauge a évolué vers plus d'abstraction en intégrant des aspects nouveaux mais en économisant les détails du phénomène qui peuvent être révélés par l'expérience. C'est ainsi que l'idée d'une invariance locale de jauge a été lancée (Weyl 1931)[188].

Yang et Mills ont élaboré une théorie de symétrie générale de groupe en utilisant ces champs locaux de jauge. Toutefois, étant donné qu'il a été associé à chaque champ de jauge, une particule sans masse de spin-1, exactement de la même manière que le potentiel électromagnétique est associé à un photon, le nombre de particules sans masse est devenu théoriquement trop important, chose impossible à confirmer expérimentalement[189]. Le modèle de Yang Mills est resté inutilisable

---

[185] Dirac, P.A.M. (1927) *The Quantum Theory of the Emission and Absorption of Radiation* Proceedings of the Royal Society of London A114: 234-265.

[186] Cushing James T. *Models, High-Energy Theoretical Physics and Realism,* PSA, Vol. 1982, p. 40.

[187] Ibid.

[188] Op. Cit. Cushing, p. 41.

[189] Ibid

jusqu'à l'élaboration de la théorie électrofaible. En 1960, Weinberg et Salam ont combiné le modèle de Yang-Mills avec le mécanisme de Higgs afin de créer une théorie qui unifie l'électromagnétisme avec la force faible[190].

Ainsi, les modèles qui sont des outils d'abstraction de nature mathématique dont l'utilisation est très commode dans les processus d'élaboration des théories ont été recyclés afin de bâtir des théories qui ressemblent aux théories antérieures mais qui sont plus robustes. Toutefois, les processus sous-jacents à l'utilisation de ces modèles sont complexes. On peut néanmoins y distinguer les faiblesses épistémologiques suivantes :

- Certains modèles restent inutilisables et leur recyclage est très hypothétique. Ils ne sont pas élaborés à partir des complexes de données empiriques fournies par l'expérience comme l'aurait entendu Mach. Ils introduisent ainsi un processus très incertain et même chaotique dans l'évolution de la physique des particules.
- Le formalisme qui est à la base de ces modèles provoque l'apparition de véritables paradoxes mathématiques comme le fameux problème des infinis, lequel n'a été résolu que par un artifice purement mathématique et peu fiable (la re-normalisation). Ce genre de paradoxes apparaissent à chaque étape de la physique des particules (électrodynamique quantique, mécanisme de Higgs, théorie électrofaible).
- Les modèles ne sont utiles que lorsque les expériences sont possibles. Les théories qui les intègrent révèlent des aspects empiriques qui peuvent être confirmés par l'expérience. Mais ce processus déductif n'est pas toujours vérifié. Par

[190] Ibid.p.43.

exemple, les modèles élaborés dans le cadre des travaux théoriques sur les supercordes ou les twistors n'ont pas connu le même destin et demeurent dans une incertitude durable.

- Les modèles ne sont pas réalistes dans une large mesure. Malgré les efforts de Boltzmann visant à rendre possible une visualisation des modèles, il n'en demeure pas moins vrai qu'il n'y a aucune garantie que ces constructions soient vraies. Aucune autre signification ne peut être assignée que celle prévue par les théories elles-mêmes.

La discontinuité et l'instabilité de la recherche théorique

Les théories scientifiques sont instables. Ceci est connu chez les philosophes sous le nom de discontinuité de l'évolution scientifique ou d'incommensurabilité des paradigmes scientifiques[191] ou encore d'induction pessimiste. Etant donné que les théories laissent place à d'autres théories, il devient difficile d'admettre qu'une théorie donné et reconnue par les scientifiques comme étant fondée ne soit pas dépassée à leur tour.[192]. Par conséquent, nous ne pouvons pas croire qu'une théorie est vraie sur un plan absolu.[193].

---

[191] L'incommensurabilité des paradigmes scientifiques est un concept qui a été développé par Thomas Kuhn.

[192] Michael Esfeld *Philosophie des Sciences, une introduction* »,2ème édition revue et mise à jour, Presses polytechniques et universitaires romandes, p.7.

[193] Cet argument remonte à Henri Poincaré qui a dit dans une communication adressée au Congrès international de physique de 1900 « Les gens du monde sont frappés de voir combien les théories scientifiques sont éphémères. Après quelques années de prospérité, ils les voient successivement abandonnées.
Ils voient les ruines s'accumuler sur les ruines ; ils prévoient que les théories aujourd'hui à la mode devront succomber à leur tour à bref délai et ils ont conclu qu'elles sont absolument vaines. C'est ce qu'ils appellent *la faillite de la science* (1902, chap. 10, p. 173).

De manière plus précise encore, des concepts ont été remplacés par d'autres concepts et les anciens concepts perdent leur importance et deviennent soient des reliques du passé, soit des cas particuliers et très limités englobés par les nouveaux concepts qui deviennent fondamentaux. Les scientifiques ont toujours eu la tentation de faire remplacer les concepts anciens par les concepts nouveaux.

Heisenberg, influencé par les travaux théoriques de Dirac sur l'antimatière et la découverte expérimentale des positrons a proclamé l'abandon de la loi de conservation du nombre de particules[194]. « Par exemple, nous pouvons affirmer que l'atome d'hydrogène ne contient pas nécessairement qu'un proton et un électron. Il peut contenir provisoirement un proton, deux électrons et un positron[195]». Il affirme encore : « Même si....les quarks sont supposés réels, nous ne pouvons pas dire que le proton est composé de trois quarks. Nous pouvons même affirmer qu'il est composé temporairement de trois quarks....Toutes ces configurations peuvent exister au sein d'un proton. Plus encore, un quark peut être composé de deux quarks et d'un antiquark[196]. » Ce que Heisenberg remet en cause précisément c'est le concept de particule élémentaire. Sa réponse ultime à une situation aussi confuse a été de remplacer le concept de particule élémentaire par le concept de groupe fondamental de symétrie[197].

La vision de Heisenberg relève d'une tentative pour faire remplacer un concept classique, celui de la particule élémentaire, par un nouveau concept qui est le groupe

---

[194] Susan C. Hale *Elementarity and Anti-Matter in Contemporary Physics: Comments on Michael D. Resnik's"Between Mathematics and Physics*. PSA. p.380.

[195] Heisenberg, W. (1983) *Encounters with Einstein.* Princeton: Princeton University Press, p.32.

[196] Ibid, p.35-36.

[197] Op. Cit. Susan C.Hales.

fondamental de symétrie. Ce groupe est à la base de la théorie quantique des champs applicable à toute la physique des particules.

K. Shrader-Frechette a développé un argument[198] selon lequel la physique des hautes énergies a atteint un stade de crise et qu'un nouveau paradigme est désormais nécessaire.

Cet argument est basé sur l'examen de deux évènements qu'on peut qualifier, en recourant à la terminologie de Thomas Kuhn, d'une révolution scientifique : l'ancien paradigme, celui de l'atomisme et de la particule n'est plus pertinent. Il ne parvient plus à résoudre les problèmes posés par la recherche moderne en physique des particules. La physique des particules n'est plus, selon cet argument, une discipline consistante sur le plan interne. Ses difficultés sont devenues tellement importantes qu'une révision fondamentale de certains concepts est désormais nécessaire[199]. Le premier indicateur de cette crise de l'atomisme est l'absence d'un critère clair pour la définition du caractère élémentaire des particules. Il n'y a plus de méthode précise pour définir une *particule élémentaire*.

Les physiciens considèrent qu'une particule est élémentaire si elle n'est pas composée d'autres particules. « Mais alors pourquoi appelle-t-on le proton, l'électron, le photon, le neutrino et leurs antiparticules qui sont stables et ne se désintègrent pas, des particules élémentaires »[200].

Par ailleurs, si une « particule fondamentale » est un nom-type d'entités partageant des caractéristiques communes, alors il est difficile de savoir pour quelle raison

[198] K. Shrader-Frechette *Atomism in Crisis: An Analysis of the Current High Energy Paradigm* Source: Philosophy of Science, Vol. 44, No. 3 (Sep., 1977), pp. 409-440.
[199] Ibid, p. 410.
[200] Ibid. 414.

certaines entités sont des particules et d'autres non et pour quelle raison les particules élémentaires qui sont considérées comme telles ne partagent pas des caractéristiques communes[201]. Par exemple, il est difficile d'admettre une différence entre les particules et les "résonances". La différence ne porte que sur les temps de désintégration. Les résonances se désintègrent rapidement en d'autres particules instables et sont représentés dans des pics de graphes des expériences[202]. Il y également les particules virtuelles qui sont considérées comme des particules alors qu'elles sont émises à partir des particules réelles. Elles disparaissent avant même qu'elles soient absorbées.

Les lois de conservation ne permettent pas de définir le terme *particule élémentaire* en raison du fait que les particules élémentaires n'obéissent pas toutes à ces lois. Les particules qui appartiennent à la classe des fermions sont créées et annihilées en étroite relation avec des antiparticules appartenant à la même classe.

De même, les classes des baryons et des mésons (qui entrent en jeu dans les interactions fortes) sont supposées faire l'objet de la conservation de l'isospin 1, de la parité et de la parité de charge. Mais la classe des leptons n'obéissent pas à ces mêmes lois de conservation. De l'avis des physiciens, les particules qui entrent en jeu dans les interactions fortes violent la parité[203].

On s'arrête à ces considérations en raison du fait que les autres raisons invoquées par Shrader-Frechette comme l'observabilité et les lois de conservation ne sont pas aussi pertinentes que le critère de définition et qu'une critique acerbe lui a été adressée par plusieurs philosophes des sciences en rapport avec ces considérations supplémen-

[201] Ibid.
[202] Op. Cit. Shrader-Frechette, p. 415.
[203] Ibid, p. 416.

taires[204]. Mais il s'avère que les concepts les plus solides des théories de la physique sont susceptibles d'une remise en cause comme l'ont l'été déjà les concepts d'espace et de temps lors du passage de la théorie newtonienne à la théorie de la relativité.

Cette instabilité contraste avec la stabilité des postulats issus de l'expérience. Des concepts expérimentaux comme la fonction d'onde, le photon, l'intrication ne peuvent jamais être remis en cause car ils sont le produit d'une compréhension solide des données empiriques testées par l'expérience. Ici, la relation entre les hypothèses théoriques et les données empiriques immunise l'expérience d'une telle instabilité. En revanche, les concepts purement théoriques, abstraction faite de leur testabilité, peuvent être remis en cause. La raison à cette instabilité ou à cette faillibilité des concepts théoriques est la présence de notions purement métaphysiques et ontologiques que rien n'assure de leur réalité et de leur existence empirique.

On a un exemple significatif avec ce qu'on appelle la rupture entre la mécanique classique et la mécanique quantique. Les concepts théoriques le plus robustes de la mécanique classique ont été remis en cause par la physique des quanta. La physique classique repose selon Einstein sur quatre principes[205]:

a. Pas de localisation. Les systèmes physiques fondamentaux sont localisés en des points ou des régions arbitrairement petites de l'espace-temps. Ils possèdent toujours une position bien définie dans l'espace et dans le temps.

---

[204] R. E. Hendrick and Anthony Murphy *Atomism and the Illusion of Crisis* The Danger of Applying Kuhnian Categories to Current Particle Physics" Source: Philosophy of Science, Vol. 48, No. 3 (Sep., 1981), pp. 454-468.

[205] Michael Esfeld *Philosophie des Sciences, une introduction*, 2ème édition revue et mise à jour, Presses polytechniques et universitaires romandes, p.7

b. Séparabilité des systèmes : les systèmes physiques revendiquent une existence indépendante les uns des autres à condition qu'ils soient séparés spatialement.
c. Action locale.

La mécanique quantique a marqué une rupture avec la mécanique classique en remettant en cause ces trois principes. Selon cette mécanique, il n'y ni localisation[206], ni séparabilité, ni individualité des systèmes quantiques. Il y a même un fossé en matière d'ontologie entre la physique classique et la physique quantique. Selon cette dernière, on ne parle même plus de particule mais de système quantique, ce qui signifie qu'il n'existe plus d'individualité des systèmes quantiques. Certains philosophes parlent même d'absorption des concepts classiques par les théories quantiques. Les premiers deviennent des cas limités dans le cadre de la physique des systèmes macroscopiques. Les concepts quantiques restent applicables au monde microphysique à un niveau fondamental.

---

[206] Ibid,p. 143.

CONCLUSION

Ce qu'on a pu montrer dans ce livre est l'orientation de l'expérimentation moderne qui repose sur des processus techniques appelés la « création des phénomènes » et la manipulation de particules quantiques isolées sans la destruction de leurs propriétés physiques. Ces nouveaux processus dépassent n'importe quel système théorique qui n'est plus indispensable au développement prodigieux de ces processus.

Nous avons remarqué dans cette partie que la route qui mène des expériences cruciales indépendantes des théories qui sont un centre d'intérêt pour le réalisme des entités d'Ian Hacking à la manipulation des entités physiques est longue mais c'est une route inévitable. Les cas expérimentaux les plus significatifs qui se situent à mi-chemin dans cette route c'est celle de la condensation de Bose-Einstein et de la manipulation non-destructive des particules quantiques. Les expériences récentes d'électro-dynamique quantique qui mettent en évidence la manipulation de plus en plus fréquente des entités quantiques avec des applications concrètes représentent le point culminant de l'expérimentation moderne qui transcende de loin les progrès théoriques de la physique.

Dans les précédentes pages, nous avons commencé par réhabiliter la vision empirique de la science qui a été occultée par la philosophie néo-théorique qui a consacré la théorie comme le pilier de la science en négligeant le deuxième pilier qui n'est autre que l'expérimentation.

Mais au fur et à mesure que notre enquête a progressé, nous avons révélé que l'expérimentation moderne a pris son envol et elle est devenue un champ d'investigation scientifique pratiquement autonome grâce aux progrès spectaculaires de la technologie. C'est ainsi qu'on peut parler de « complexe technico-scientifique. » Une telle évolution aura des conséquences incalculables sur la vie de l'humanité dans les décennies à venir.

Cette évolution confirme au moins une chose : l'expérimentation ou l'expérience font œuvre de civilisation et cette œuvre a donné naissance à des croyances mythiques, voir idéologiques.

Depuis l'apparition de la pensée baconienne qui conçoit la méthode expérimentale comme un moyen de domination de la nature jusqu'à la philosophie expérimentale de Ian Hacking qui est basée sur la transformation du monde, la philosophie est passée de la théorie, c'est-à-dire de la représentation du monde, à l'action dans le monde et à l'intervention pour la manipulation en vue de développer des technologies nouvelles et de créer de nouveaux phénomènes physiques qui changent le visage de la civilisation.

Cette vision a été toujours immanente à la science. Presque un siècle, depuis que Rutherford et Curie ont réalisé les premières expériences de physique nucléaire qui ont transformé progressivement la physique, l'action et l'intervention ont été les grandes aspirations des scientifiques. Il faudrait retenir dans ce processus historique, une leçon importante : tandis que l'expérimentation s'est transformée de manière considérable en devenant un outil technologique majeur de notre civilisation humaine, la théorie n'est pas parvenue à réaliser le rêve métaphysique des philosophes depuis

Platon : élaborer la théorie du tout et résoudre la question de la réalité des entités qui peuplent l'infiniment petit. Ces deux aspirations sont les objectifs ultimes de la métaphysique et de la philosophie en général.

La théorie du tout est devenue quasiment irréalisable en raison des difficultés rédhibitoires d'unifier la théorie de la relativité générale et la mécanique quantique, les deux piliers de la physique et de l'impossibilité de réaliser des expériences permettant de confirmer la théorie des supercordes. Quant à la réalité des entités quantiques, elle est devenue presque impossible à connaître et à représenter. On ne sait plus ce que sont réellement les photons et les électrons. Tout ce qu'on peut dire c'est que ce ne sont plus des particules, des ondes ou des champs au sens classique des termes.

Pour résoudre de telles difficultés, les physiciens attendent le verdict des philosophes sans savoir exactement de quelle philosophie il s'agit précisément. La réponse la plus probable à ce dilemme qui reflète un destin obscurci au rêve métaphysique d'établir une science purement théorique et ontologique est celle-ci : la métaphysique est confrontée à un horizon indépassable et elle n'a plus de réponse à l'ontologie du monde de l'infiniment petit. Tout ce qu'ont peut faire, est de recourir à la manipulation expérimentale et interventionniste pour nous assurer de sa réalité ultime. Cette solution rejoint la philosophie expérimentale en consacrant le triomphe décisif de l'expérimentation sur la théorie.

Par ailleurs, ces nouveaux processus technicistes soulèvent sur un plan philosophique le problème du rôle de la technique ou de la technologie dans l'expérimentation moderne. On peut sans brancher parler d'un véritable « complexe technico-expérimental » qui domine les activités des laboratoires scientifiques modernes.

Mais il y a une question importante qui est inhérente à cette situation unique de la science moderne : comment se manifeste ce rôle clé de la technique dans l'expérimentation et qui se présente comme condition *sine qua non* du succès de la science ? Cette question ne doit pas nous pousser à verser dans une philosophie assez paradoxale comme celle de Heisenberg. Cette philosophie met en exergue deux conceptions sous-jacentes à la science et à la technique que nous pensons comme contradictoires au sein même du propos philosophique de Heisenberg. D'une part, ce dernier dresse un portrait glorifiant de la technique, il la qualifie comme ayant été « [...] la condition et la conséquence des sciences de la nature[207] ». Son rôle dans « [...] les rapports de la nature avec l'homme se traduit par le fait qu'elle transforme sur une large échelle le monde environnant de l'homme, lui montrant sans cesse et inévitablement l'aspect scientifique de l'univers[208] ».

Mais, d'autre part, il trace « implicitement » une ligne de démarcation nette entre science et technique. Nous pouvons déceler cela dans une fameuse discussion qu'il eut avec le physicien américain Barton en 1929. Heisenberg s'exprime ainsi : « [...] Il serait entièrement erroné de mettre sur le même pied les modifications fondamentales réalisées lors du passage de la mécanique newtonienne à la mécanique relativiste ou à la mécanique quantique, et d'autre part les améliorations réalisées par l'ingénieur. Car l'ingénieur, lorsqu'il améliore quelque chose, n'a pas besoin de changer quoi que ce soit à ses concepts antérieurs[209] ». Il poursuit son analyse en

[207] Werner Heisenberg, *La nature dans la physique contemporaine,* éd. Gallimard, Paris, 1962, p. 20.
[208] Ibid., p. 23.
[209] Ibid, pp. 137-138.

précisant qu'une telle amélioration n'est plus possible avec la théorie scientifique.

Ainsi, Heisenberg affirme « Mais des changements de cette sorte-là n'auraient aucun sens en ce qui concerne la mécanique newtonienne….dans le fait que, à l'intérieur de son domaine d'application, elle ne peut pas être améliorée par de petites modifications, et qu'elle y a trouvé depuis longtemps sa forme définitive[210]»

Rien ne nous permet de penser qu'il puisse exister des domaines de la technique qui n'obéiraient pas à ce processus décrit par Heisenberg, à savoir que tout se résume dans la technique à cette quête d'amélioration, de perfectionnement, de correction, de tâtonnement. En d'autres termes, la technique invoque un le crédo suivant : « tout est améliorable et rien *a priori* ne saurait être de l'ordre de l'impossible ». Ce processus en sens unique contraste fortement avec la structure de toute théorie scientifique qui donne l'image d'un système fermé, finitiste, circulaire et hermétique et où les bornes du possible sont clairement circonscrites.

Einstein a déclaré un jour « seule la théorie décide de ce qui peut être observé ». Nous pouvons paraphraser ce paradigme et dire que « seule l'expérience décide de ce qui peut être possible ». À cet égard, ce n'est plus une hypothétique falsifiabilité qui pourrait nous fixer le critère de séparation entre la science et la technique mais plutôt une sorte de « méthodologie » et une finalité qui les transcende. Nous considérons que la conquête technique est basée sur une « action portée vers l'invention mais sur la base d'un tâtonnement ».

En revanche, et *a contrario*, la théorie est d'essence transcendantale, presque métaphysique. Par ailleurs, la technique expérimentale part d'un principe que tout peut

[210] Ibid.

être amélioré, perfectionné, affiné, alors que la science dans son écriture la plus conventionnelle, induit un développement très sélectif, ou plutôt non cumulatif.

La théorie et l'expérience ne partagent pas la même méthodologie. Nous pensons que la théorie a été à l'origine une forme esthétique d'interrogation, de contemplation métaphysique de la nature, mais qui n'est plus sous cette forme depuis que l'intellectualisation du débat grec comme celui entre Platon et Aristote n'est plus de mise.

Cependant, ce trait esthétique d'interrogation métaphysique et eschatologique se trouve renfermé dans les théories de Newton et de Kepler sous une forme que nous appelons vérités éternelles et immuables.

Ce qui différence théorie et expérience sur le plan des finalités, c'est le fait que la théorie cherche la « vérité » tandis que la technique cherche, au-delà de la vérité, le « bonheur de l'homme ». Nous pouvons comprendre cela en évoquant cette fameuse réflexion de Nietzsche : « La philosophie se sépara de la science lorsqu'elle se posa la question : quelle est la connaissance du monde et de la vie qui permet à l'homme l'existence la plus heureuse ? Évènement qui se produisit dans les écoles socratiques : à prendre le point de vue du *bonheur*, on lia les veines à la recherche scientifique – et on continue de nos jours[211]. »

Si nous nous posons une question toute simple en suivant la réflexion de Nietzsche –pourquoi cette quête du bonheur lierait-elle les veines de toute recherche scientifique ? – la réponse réside dans un seul mot : la technique et notamment la technique expérimentale. Cette dernière a toujours eu pour quête la recherche du bonheur de l'homme en étant orientée vers l'« invention » d'artefacts pour son bien-être. En l'absence de cette

[211] Nietzsche, *Humain, trop humain*, Tome 1, Gallimard, Paris, 1988. p. 35-36.

« souche techniciste », la science deviendra une contemplation pure de la nature, une interrogation métaphysique et donc une recherche désespérée de la « vérité ». Cette vérité est toujours éternelle et immuable, vaste est infinie. Il faut se rappeler ici la belle et très lyrique citation de Newton : « Je ne sais pas ce que je puis représenter aux yeux du monde ; mais quant à moi, je me fais l'impression de n'avoir été qu'un enfant jouant sur la plage et s'y amusant à trouver de temps en temps un galet particulièrement lisse ou un coquillage plus joli que les autres, tandis que s'étendait devant moi, inconnu, le grand océan de la vérité »

Le génie poétique de Newton s'exprime ainsi dans ce rapprochement entre la vérité et l'image d'un océan, car la vérité est toujours vaste, transcendant l'esprit de chacun, encore plus l'esprit d'un scientifique, d'une communauté de scientifiques ou de toute l'humanité. Aussi importante pour le savoir humain, cette quête métaphysique de la théorie demeurera incertaine, semée de paradoxes et condamnée à des dilemmes rédhibitoires.

L'un de ces dilemmes et l'impossibilité d'unifier la théorie de la relativité générale et la mécanique quantique. Il ne reste donc qu'une seule possibilité : libérer l'expérience de la théorie afin de rendre compte de ce qui est à la fois de perceptible et de manipulable parmi les entités du monde physique. De cette manière, l'expérience et l'expérimentation se sont séparées de la théorie vers un grand destin : c'est celui de changer le monde et d'assurer le bonheur de l'homme.

RÉFÉRENCES BIBLIOGRAPHIQUES

BAIRD Davis *Five Theses about Instrumental Realism* PSA Vol. 1988.

BARBEROUSSE Anouk *L'expérience* Editions Flammarion, 1999, p. 27.

BARBEROUSSE Anouk, BONNAY Denis § COZIC Mikaël (Sous la dir.) *Précis de Philosophie des Sciences*, Vuibert (octobre 2011).

BARBEROUSSE Anouk, KISTLER Max, LUDWIG Pascal *La philosophie des sciences au XXe siècle* Flammarion, 2011.

BOHR Niels *The Quantum Postulate and the Recent Development of Atomic Physics* Nature 1927.

BOHR Niels *Physique atomique et connaissance humaine* Revue par Catherine Chevalley, Editions Gallimard, 1991.

CARR H.Wildon *The Metaphysical Aspects of Relativity*, Nature, 7 février 1921, p.810.

CUSHING James T. *Models, High-Energy Theoretical Physics and Realism,* PSA, Vol. 1982.

DEMOURES François-Xavier *Relativité et relativisme : la réception de la théorie d'Einstein* Tracés. Revue de Sciences humaines, 2007

DIRAC P.A.M. *The Quantum Theory of the Emission and Absorption of Radiation* Proceedings of the Royal Society of London 1927.

DUHEM Pierre *La Théorie physique, son objet, sa structure* [1906], Vrin, 1981.

ESFELD Michael *Philosophie des Sciences, une introduction* »,2ème édition revue et mise à jour, Presses polytechniques et universitaires romandes, 2006.

FEYNMAN/LEIGHTON/SANDS *Le cours de physique de Feynman Mécanique quantique* Version française de B. Equer, P.Fleury, Inter-Editions, Paris, 1979.

FOLSE Henry J. *Niels Bohr, Complementarity, and Realism*, PSA 1986, Volume 1.

GROSS G. Alan *Reinventing Certainty: The Significance of Ian Hacking's Realism* Source: PSA: Vol. 1990, Volume One: Contributed Papers (1990).

GUPTA Anil *Empiricism and Experience* Oxford University Press, 2006, 288 pp.

HACKING Ian *La philosophie de l'expérience : illustrations de l'ultrafroid. Tracés. Revue de Sciences humaines* mis en ligne le 11 février 2008.

HACKING Ian, *Les philosophes de l'expérience* (*Philosophers of Experiment*), Tracés. Revue de Sciences humaines, mis en ligne le 11 février 2008.

HACKING Ian, *Representing and Intervening,* 1983, Cambridge, Cambridge University Press, trad. fr. B. Ducrest : Concevoir et expérimenter, Paris, Christian Bourgois Ed.1989.

HACKING Ian *Extragalactic Reality: The Case of Gravitational Lensing* Source: Philosophy of Science, Vol. 56, No. 4 (Dec., 1989).

HAGAR Amit /HEMMO Meir *Explaining the Unobserved—Why Quantum*

HALE Susan C. *Elementarity and Anti-Matter in Contemporary Physics: Comments on Michael D. Resnik's "Between Mathematics and Physics"*. PSA.

HANSEN-LOVE Laurence (sous la dir.) *La philosophie de A à Z*, Editions Hatier Paris 2011.

HAROCHE Serge *Leçon inaugurale prononcée au Collège de France le* jeudi 13 décembre 2001.

HEISENBERG Werner *La Partie et le tout, op. cit.*, p. 137-138.

HEISENBERG Werner, *La nature dans la physique contemporaine,* éd.Gallimard, Paris, 1962.

HEISENBERG, W. *Encounters with Einstein* Princeton: Princeton University Press 1983.

HENDRICK R. E. and MURPHY Anthony *Atomism and the Illusion of Crisis: The Danger of Applying Kuhnian Categories to Current Particle Physics* Philosophy of Science, Vol. 48, No. 3 (Sep., 1981).

HESSE M.B *Models and Analogies in Science*. University of Notre Dame Press 1966.

KOYRE Alexandre *Etudes Newtoniennes*, Editions Gallimard, Paris.

LYRE H *Holism and structuralism in U(1) gauge theory* Studies in History and Philosophy of Modern Physics 2004.

KUHLMANN M. *Particules et champs sont-ils réels ?* Pour la Science, octobre 2013, no.432.

KUHLMANN M. Quantum Field Theory, Stanford Encyclopedia of Philosophy. Première publication en juin 2006.

MACH Ernst, *La Mécanique* [1904], Paris, Jacques Gabay, 1987.

Mechanics Ain't Only About Information November 14, 2005

MORISSON Margaret *Theory, Intervention and Realism* Kluwer Academic Publishers 1990.

MOULINES C. Ulises *The Ways of Holism* Source: Noûs, Vol. 20, No. 3 (Sep., 1986), pp. 313-330.

GELL-MANN Murray *Le Quark et le jaguar* Traduit de l'américain par Gilles Minot, Flammarion, Paris, 1997.

NEWTON Isaac *Principes mathématiques de la philosophie naturelle* traduction de feue Madame la Marquise du Chastellet, Paris, 1756, t. II.

NIETZSCHE Frederich, *Humain, trop humain*, Tome 1, Gallimard, Paris, 1988.

NIETZSCHE Frederich *Le Gai Savoir*, trad. par Wolting Patrick, GF Flammarion, 1998, rééd. 2007.

ORTOLI Sven/PHARABOD Jean-Pierre *Le Cantique des Quantiques* Editions la Découverte, Paris, 1984.

PERREAU Laurent (Sous la dir.) *L'Expérience*, Librairie Philosophique I. Vrin, Paris 2010.

PESTRE Dominique et ATTEN Michel, *Heinrich Hertz, l'administration de la preuve*, PUF, collection Philosophies, 2002.

PICKERING, A. (1986) *Big Science as a Form of Life* », in *The Restructuring of the Physical Sciences in Europe and the United States, 1945-1960.*

POPPER Karl *La logique de la découverte scientique,* tr. fr Nicole Thyssen-Rutten, Payot, 1973.

REINER Richard and PIERSON Robert *Hacking's Experimental Realism: An Untenable Middle Ground* Source: Philosophy of Science, Vol. 62, No. 1 (Mar., 1995),

RUSSELL Bertrand *The Problems of Philosophy* Williams and Norgate,1912.

SHAPERE Dudley *Astronomy and Antirealism*: Source: Philosophy of Science, Vol. 60, No. 1 (Mar., 1993).

SHAPIN Steven *Leviathan and the Air-pump: Hobbes, Boyle and the Experimental Life*, Princeton University Press, 1989 - 440 pages.

SCHRÖDINGER Irwin *Are there quantum jumps?* British Journal for the Philosophy of Sciences, 1952

SELLERI Franco *Le grand débat de la théorie quantique* trad. fr. Françoise et Philippe Guéret, Flammarion, 1994.

SHRADER-FRECHETTE K. *Atomism in Crisis: An Analysis of the Current High Energy Paradigm* Source: Philosophy of Science, Vol. 44, No. 3 (Sep., 1977). Stanford Encyclopedia of Philosophy *Experiment in Physics. First published Mon Oct 5, 1998; substantive revision Tue Oct 8, 2002*

SMOLIN Lee *The Trouble with physics*, Houghton Mifflin Company, Boston, New York, 2007.

TRAVIS Charles *Le silence des sens* traduit de l'anglais par B.Ambroise, V. Aucouturiers, L. Raïd. Les Editions du Cerf 2014.

VAN FRAASSEN B. *The Scientic Image* Oxford University 1912.

VARENNE Franck *Théorie, réalité, modèle*, Éditions matériologiques, août 2012.

VON BAEYER Hans Christian *L'étrangeté quantique, juste une impression* Pour la Science, n°435-Janvier 2014.

WAGNER Pierre (sous la dir.), *Les philosophes et la science,* éd. Gallimard, Paris, 2002.

TABLE DES MATIÈRES

Philosophie

aux éditions L'Harmattan

Dernières parutions

LE COMBAT PHILOSOPHIQUE DE MAURICE BLONDEL CONTRE LA DOUBLE IGNORANCE DES MASSES
Diakiodi Adrien
Il existe deux types d'ignorance que Maurice Blondel, philosophe, sociologue et théologien français, invite tout homme à combattre énergiquement pour éviter la disparition prématurée de l'espèce humaine, mais également celle de la planète Terre. Il y a, d'une part, l'ignorance de soi-même, de son être en perpétuel devenir et, d'autre part, celle de ses semblables, de son environnement, du monde physique et de l'Unique nécessaire. Ce livre s'assigne comme objectif de vulgariser les armes pour combattre ces deux fléaux, armes présentées dans sa thèse de doctorat qui l'a rendu célèbre : L'Action (1893).
(Coll. Ouverture Philosophique, 12.50 euros, 100 p.)
ISBN : 978-2-343-07377-4, ISBN EBOOK : 978-2-336-39896-9

CORPS ET POP CULTURE
Bischoff Jean-Louis
Quelles sont les principales représentations pop culturelles du corps ? Pour y répondre, Jean-Louis Bischoff interroge des musiques actuelles, la cyberlittérature, le cinéma et l'industrie de la forme. Faire apparaître et scruter les catégories de « corps réduit », d'« hyper corps », de « corps digitalisé » ou de « corps écrit », de « corps utopique » et de « corps fardeau », puis ausculter la notion de corps réel et pointer les dangers d'un nouveau purisme sont les tâches que se donne l'auteur.
(Coll. Ouverture Philosophique, 19.00 euros, 184 p.)
ISBN : 978-2-343-07378-1, ISBN EBOOK : 978-2-336-39709-2

DE DERRIDA À LÉVINAS, LA DETTE ET L'ENVOI
Le temps de l'autre – La déconstruction et l'invention du futur
Badleh Jalal
La Déconstruction est le nom de la pensée de l'évènement. Mais elle est aussi l'événement, le nom de ce qui arrive, la justice ou l'impossible. Comment s'opère la coordination entre ces deux définitions ? Qu'est-ce qu'un questionnement déconstructif ? Quelle est la place du sujet postdéconstructif dans cette opération ? Cet ouvrage essaie de répondre à ces questions à travers le dialogue qui a eu lieu entre Jacques Derrida et Emmanuel Lévinas.
(Coll. Ouverture Philosophique, 31.00 euros, 290 p.)
ISBN : 978-2-343-07449-8, ISBN EBOOK : 978-2-336-39841-9

FIGURES PHILOSOPHIQUES DU CONFLIT
Sous la direction d'Andreas Wilmes, Joan-Antoine Mallet
L'ambition de cet ouvrage est d'illustrer à la fois comment la philosophie conceptualise le conflit et comment elle s'efforce d'en résoudre les dangers inhérents. Plutôt que de proposer un aperçu purement abstrait de la notion de « conflit », l'ensemble des travaux se focalise sur la confrontation des philosophes à des problèmes historiques tels que la guerre, la dissension sociale, la tyrannie, ou encore le sport.
(Coll. Ouverture Philosophique, 24.50 euros, 238 p.)
ISBN : 978-2-343-07356-9, ISBN EBOOK : 978-2-336-39796-2

FRONTIÈRES DU VISAGE
(Analogique-numérique)
Boisnard Philippe
À travers une histoire de la représentation, cet essai tente d'interroger la question de l'effacement du visage. Si, pendant longtemps, cet effacement était dû à des stratégies de pouvoir, politiques et économiques, il semblerait qu'avec la démocratisation des technologies, peut-être, ceux qui étaient les effacés de l'histoire de la représentation peuvent enfin apparaître. Mais, à l'ère des réseaux, est-ce aussi simple ?
(Coll. Eidos série Retina, 13.00 euros, 110 p.)
ISBN : 978-2-343-07979-0, ISBN EBOOK : 978-2-336-39795-5

HEIDEGGER ET LE PROBLÈME DE LA MÉTAPHYSIQUE
Balazut Joël
Dès 1935 Heidegger retrouve le sens originel de la métaphysique dans la conception présocratique de l'être comme « phusis ». Sur cette base il va interpréter la métaphysique traditionnelle qui apparaît avec Platon pour culminer chez Nietzsche dans une ontologie de la vie et qui prépare le règne moderne de la technique planétaire, comme un «déni» radical de ce sens originel. L'un des intérêts de cette interprétation de la métaphysique, et non des moindres, est ainsi de rendre compte de la signification de la vogue actuelle des philosophies de la vie.
(Coll. Ouverture Philosophique, 14.00 euros, 122 p.)
ISBN : 978-2-343-07296-8, ISBN EBOOK : 978-2-336-39840-2

L'IRONIE DE SOCRATE – Essai sur l'ironie philosophique
Mestiri Samir
Contrairement à l'ironie polémique et insidieuse des sophistes, celle de Socrate est plutôt interrogeante, désirante et ex-centrique, toujours en quête de connaissance vraie. Le fameux « je sais que je ne sais rien » devient chez lui un outil de défigement de la pensée prisonnière des « systèmes compacts », mais, aussi le meilleur remède contre les pseudo-vérités religieuses et idéologiques.
(Coll. Ouverture Philosophique, 12.50 euros, 106 p.)
ISBN : 978-2-343-07035-3, ISBN EBOOK : 978-2-336-39779-5

MATHÉMATIQUES ET FRONTIÈRES
Baudrand Gabriel
Gabriel Baudrand, professeur agrégé de mathématiques, s'intéresse au thème de la frontière. La perception commune du mathématicien est celle d'un technicien

enfermé dans son monde, qui dresse une frontière entre son activité et le reste de la vie. Le formalisme de cette science entretient cette frontière alors que paradoxalement les mathématiques sont partout et que le concept même de frontières est mathématique. Autant de pistes de réflexions que l'auteur nous invite à explorer.
(Coll. Eidos série Retina, 12.50 euros, 104 p.)
ISBN : 978-2-343-07951-6, ISBN EBOOK : 978-2-336-39764-1

MÉLANGES OFFERTS À RENÉ SCHÉRER
Sous la direction de Constantin Irodotou
René Schérer, né en 1992, a été l'un des fondateurs du département de philosophie de l'université de Vincennes. Ami de Foucault, Châtelet, Deleuze, Lyotard, Bensaïd, Badiou, Rancière, Brossat, etc. Il se penche d'abord sur Husserl et Heidegger, puis s'intéresse à Charles Fourier. Militant de mai 68, il entreprend, dans son *Émile perverti*, une critique de la pédagogie. Il réactualise aussi, avec Guy Hocquenghem, le concept philosophique d'âme. «Utopie», «âme» et «hospitalité» sont les trois concepts clefs pour aborder son œuvre.
(Coll. Quelle drôle d'époque !, 38.50 euros, 374 p.)
ISBN : 978-2-343-07527-3, ISBN EBOOK : 978-2-336-39809-9

LA PENSÉE ESTHÉTIQUE DE JOSÉ VASCONCELOS DANS SON SENS ORIGINAIRE
Le contexte historiographique de la philosophie en Amérique hispanique
Luquín Guerra Roberto
La philosophie latino-américaine s'est divisée en deux orientations principales : soit dévalorisée parce que l'on considérait qu'elle ne faisait que reprendre la pensée européenne ; soit on a tenté de la sauver à partir de perspectives étrangères à la philosophie. Roberto Luquin s'interroge sur le sens que peut avoir une recherche sérieuse sur la pensée spéculative d'un philosophe latino-américain. Il soutient que le vasconcelisme est une authentique pensée philosophique, il s'agit d'un geste créateur qui a su faire le lien entre la pensée philosophique et la pratique politique.
(Coll. La philosophie en commun, 29.00 euros, 278 p.)
ISBN : 978-2-343-07624-9, ISBN EBOOK : 978-2-336-39864-8

LES PHILOSOPHIES ENVIRONNEMENTALES EUROPÉENNES
Europeana 6
Collectif
Peut-on parler d'une philosophie environnementale européenne ? Peut-on unifier, sous ce concept, un corpus hétérogène et beaucoup plus diversifié que celui que l'on peut trouver à propos de la philosophie de l'environnement dans la société nord-américaine ? Est-ce qu'une unité géographique, celle de l'Europe, peut suffire pour garantir un dénominateur commun à des conceptions philosophiques aussi diverses, voire divergentes, que celles qui existent sur le «vieux continent» ?
(Coll. Kubaba, 20.00 euros, 184 p.)
ISBN : 978-2-343-07680-5, ISBN EBOOK : 978-2-336-39785-6

LE REGARD EN-PÉCHÉ

Réflexion sur le regard porté sur le corps féminin

Bacha Lilia – Préface de Youssef Seddik – Avant-propos de Michel Sicard

Ferme les yeux et regarde à travers les paupières. Tout au fond de nous, une voix nous suggère cela face au corps de la femme. Sans être dévêtue : la femme est toujours nue, elle est 'awra. Ce terme arabe désigne ce qu'il faut cacher et définit la femme. Quelle est cette créature exhibée par nature, au point de devoir la cacher ? Quels sont les liens entre cette créature et la femme mais aussi l'homme ? Cette réflexion propose de s'y intéresser en naviguant entre orient et occident.

(Coll. Ouverture Philosophique, 25.00 euros, 250 p.)

ISBN : 978-2-343-05808-5, ISBN EBOOK : 978-2-336-39823-5

THOMAS HOBBES ET L'IDÉE DE PUISSANCE

Karray Aouichaoui Mohamed

Ce travail propose l'étude de la théorie de la puissance telle qu'elle s'est développée dans la philosophie de Hobbes. L'idée directrice est que la puissance n'est plus une donnée de la nature mais que c'est à travers l'agir humain qu'elle s'acquiert. Elle est une capacité d'agir sur le monde par le biais de la science. Avec Hobbes, la science devient le moyen le plus spécifique de la puissance, et celle-ci, par le biais de la science, la capacité d'agir sur le monde, tant naturel qu'humain.

(Coll. Ouverture Philosophique, 33.00 euros, 324 p.)

ISBN : 978-2-343-04013-4, ISBN EBOOK : 978-2-336-39810-5

AUX FRONTIÈRES DE L'HUMAIN

Essai sur le transhumanisme

Koest Pierre

Tels des exilés, nous nous trouvons aujourd'hui dans l'entre-deux d'une frontière, qui sépare l'Humain du Trans-humain. Les progrès vertigineux de la convergence des nanotechnologies, biotechnologies, informatique et sciences cognitives font miroiter un futur aux accents utopiques, qui nous promet longévité accrue et augmentation exponentielle de nos capacités biologiques. Mais apparaît conjointement la menace d'un triomphe de l'intelligence artificielle et à terme de l'extinction de ce que l'on nommait humanité.

(Coll. Eidos série Retina, 19.00 euros, 186 p.)

ISBN : 978-2-343-07664-5, ISBN EBOOK : 978-2-336-39557-9

L'HARMATTAN ITALIA
Via Degli Artisti 15; 10124 Torino
harmattan.italia@gmail.com

L'HARMATTAN HONGRIE
Könyvesbolt ; Kossuth L. u. 14-16
1053 Budapest

L'HARMATTAN KINSHASA
185, avenue Nyangwe
Commune de Lingwala
Kinshasa, R.D. Congo
(00243) 998697603 ou (00243) 999229662

L'HARMATTAN CONGO
67, av. E. P. Lumumba
Bât. – Congo Pharmacie (Bib. Nat.)
BP2874 Brazzaville
harmattan.congo@yahoo.fr

L'HARMATTAN GUINÉE
Almamya Rue KA 028, en face
du restaurant Le Cèdre
OKB agency BP 3470 Conakry
(00224) 657 20 85 08 / 664 28 91 96
harmattanguinee@yahoo.fr

L'HARMATTAN MALI
Rue 73, Porte 536, Niamakoro,
Cité Unicef, Bamako
Tél. 00 (223) 20205724 / +(223) 76378082
poudiougopaul@yahoo.fr
pp.harmattan@gmail.com

L'HARMATTAN CAMEROUN
BP 11486
Face à la SNI, immeuble Don Bosco
Yaoundé
(00237) 99 76 61 66
harmattancam@yahoo.fr

L'HARMATTAN CÔTE D'IVOIRE
Résidence Karl / cité des arts
Abidjan-Cocody 03 BP 1588 Abidjan 03
(00225) 05 77 87 31
etien_nda@yahoo.fr

L'HARMATTAN BURKINA
Penou Achille Some
Ouagadougou
(+226) 70 26 88 27

L'HARMATTAN SÉNÉGAL
10 VDN en face Mermoz, après le pont de Fann
BP 45034 Dakar Fann
33 825 98 58 / 33 860 9858
senharmattan@gmail.com / senlibraire@gmail.com
www.harmattansenegal.com

L'HARMATTAN BÉNIN
ISOR-BENIN
01 BP 359 COTONOU-RP
Quartier Gbèdjromèdé,
Rue Agbélenco, Lot 1247 I
Tél : 00 229 21 32 53 79
christian_dablaka123@yahoo.fr

Achevé d'imprimer par Corlet Numérique - 14110 Condé-sur-Noireau
N° d'Imprimeur : 129948 - Dépôt légal : juin 2016 - *Imprimé en France*

www.ingramcontent.com/pod-product-compliance
Lightning Source LLC
LaVergne TN
LVHW011024061026
849535LV00006B/2041
9782343092850